UE4室内漫游开发教程

主编　蒋维乐

副主编　孙兆鹏

西安交通大学出版社
XI'AN JIAOTONG UNIVERSITY PRESS

UNREAL
ENGINE

图书在版编目（CIP）数据

UE4室内漫游开发教程 / 蒋维乐主编. —西安：西安交通大学出版社，2021.12（2025.1重印）
ISBN 978-7-5693-2350-4

Ⅰ.①U… Ⅱ.①蒋… Ⅲ.①搜索引擎-程序设计 Ⅳ.①TP391.3

中国版本图书馆CIP数据核字（2021）第228375号

扫描二维码获取
本书更多资源

书　　名	UE4室内漫游开发教程	
	UE4 Shinei Manyou Kaifa Jiaocheng	
主　　编	蒋维乐	
副 主 编	孙兆鹏	
参　　编	邹铭聪	
责任编辑	柳　晨	
责任校对	赵怀瀛	
封面设计	孙兆鹏　任加盟	

出版发行	西安交通大学出版社
	（西安市兴庆南路1号　邮政编码　710048）
网　　址	http://www.xjtupress.com
电　　话	（029）82668357 82667874（市场营销中心）
	（029）82668315（总编办）
传　　真	（029）82668280
印　　刷	西安五星印刷有限公司

开　　本	787 mm×1092 mm　1/16　印张　14.125　字数　222千字
版次印次	2021年12月第1版　2025年1月第3次印刷
书　　号	ISBN 978-7-5693-2350-4
定　　价	88.00元

目 录

第一章

UE4 简介

◉ 第一节　UE4 引擎

UE（虚幻引擎，Unreal Engine）是目前世界知名的、授权最广的顶尖游戏引擎，占有全球商用游戏引擎80%的市场份额。自 1998 年正式诞生至今，经过不断的发展，虚幻引擎已经成为游戏开发行业运用范围最广、整体运用程度最高、次世代画面标准最高的一款游戏引擎。UE4（虚幻 4）是美国 Epic 游戏公司研发的一款 3A 级次世代游戏引擎，它的前身是虚幻 3（免费版称为 UDK），许多我们耳熟能详的游戏作品，都是基于虚幻 3 引擎制作的，例如《剑灵》《和平精英》等。UE 渲染效果强

大，并且采用 pbr 物理材质系统，如果它的实时渲染效果做得好，完全可以达到类似 Vray 静帧的效果，因此成为开发者最喜爱的引擎之一。

UE4 强大的开发能力和开源策略吸引了大量 VR 游戏开发者的目光，基于 UE4 开发的 VR 游戏在游戏画面和沉浸体验方面也明显优于其他 3D 游戏。

　　UE4 画面效果完全可以达到 3A 游戏水准，其光照和物理渲染在众多引擎中也处于领先地位。UE4 蓝图系统让游戏策划不用再劳神费力编写代码，其材质编辑器功能强大，官方插件齐全，使开发者不用再自编第三方插件并担心兼容接口问题。更重要的是针对虚拟现实游戏，UE4 为手柄、VR 控制器提供了良好支持。UE4 为用户提供游戏、建筑、影视等各种模板，用户通过官方提供的蓝图，可快速完成项目的制作。

　　UE4 的应用范围不仅涉及主机游戏、PC 游戏、手游等游戏方面，还涉及高精度模拟、战略演练、工程模拟、可视化与设计表现、无人机巡航等诸多领域。本书结合室内空间可视化设计，讲解 UE4 在室内空间效果表现中的运用。

▶ 第二节　UE4 开发案例

1. 游戏开发

　　《和平精英》是当下较为流行的移动端射击游戏之一，是由腾讯光子工作室群自研打造的反恐军事竞赛体验手游，该作于 2019 年 5 月 8 日正式公测。《和平精英》采用 UE4 引擎开发，致力于从画面、地图、射击手感等多个层面，为玩家全方位打造出极具真实感的军事竞赛体验。

2. 写实作品

Koola 是来自法国的 UE4 艺术家，擅长利用 UE4 进行创作。他制作的场景以超写实为主，其作品在光影、构图以及质感上追求完美，渲染完成后的作品达到了超写实的程度。

3. 室内开发

UE4 以强大的实时渲染以及光线追踪技术，使其在室内以及建筑可视化上被广泛应用。以下是 UE4 商城里部分室内渲染案例。

Xoio Berlin Flat

　　本案例是 UE4 较早的室内渲染案例，其中文名称是"柏林公寓"。该项目采用黑白灰作为主色调来进行构建，虽然所用的软件版本相对较老，但光线及各种材质的模拟仍是十分逼真的，其中的亚麻、木地板、漆面材质效果都十分出彩。

Smart Archviz Interior Pack 01

本项目是 UE4 中比较新的现代室内设计案例，其支持的版本也随着 UE4 版本的不断更新而更新。该项目选取顶部阁楼空间进行设计，主题色调采用暖色调，辅助以各种现代性装饰元素进行搭配，空间设计十分具有格调。在该项目中，UE4 对各种绒面以及具有复杂花纹的地毯都有非常好的渲染效果，可以最大限度地表现材质的肌理。

Modular Scifi Season 1 Starter Bundle

本项目是 UE4 中的科幻项目室内空间渲染作品，主要对科幻车间环境进行构建渲染。该项目包括了模块化科幻系列的环境渲染，以及一个独家的粒子环境，展示了极具科技感的整体风格。在整体效果中，冷光源的处理十分巧妙，给人一种严肃、谨慎的感觉。同时，UE4 对不锈钢等金属类材质的渲染质感也十分真实。

第二章

模型准备

室内设计和景观设计常用的软件是 Sketch Up（SU），其渲染器的渲染方式与 UE4 不同，因此，在导入 UE4 进行渲染前，需要对已有模型的面数、网格布线、法线、UV 等进行检查与调整，以达到更好的渲染效果和运行流畅度。

在使用 SU 建模的开始阶段，只制作简单的墙面、结构、吊顶等硬装需要的大面积模型即可，门、吊灯、桌椅家具等物体可暂时不制作，这样，前期模型准备阶段可以更加方便快捷。目前，UE4 Twinmotion 测试版已经针对 SU 提供了专门的导入插件 Datasmith Exporter Plugins，方便 SU 对于 UE4 的导入。

同样的，使用 MAYA 或者 3DS 制作模型，也需要先对模型进行 UV 拆分、材质分组，然后再导入 UE4 中进行操作。

在实际操作中，使用 MAYA 或者 3DS 制作的模型与 UE4 的衔接，相较于 SU 更加流畅，也可以省去前期一些繁琐的转换，渲染效果也更好。

● 第一节　模型要求

MAYA 在 UV 拆分、整体操作以及后期制作物理碰撞上的操作相对便捷，所以本书结合 MAYA 对模型进行整体检验和调整（对 MAYA 操作不熟悉的读者，需先掌握一些 MAYA 基础操作），熟悉 3DS 的读者也可以使用 3DS 进行相对应的调整操作。

下面将模型素材导入 MAYA 中，对模型进行检查调整。在导入之前需要注意：

如果模型是一套已经做好的完整的室内模型，则需要将墙面与家具分开，主要将墙面等装饰导入 MAYA。家具一般网格较为密集，导入后容易引起卡顿，可后期在 UE4 中单独导入。

如果模型尺寸较大，导入 MAYA 后可能会看不到模型，这是因为摄像机参数问题。点击图中摄像机，随后按 Ctrl + A 进入摄像机属性编辑器，增加远裁剪平面的数值。

导入完成后，需要检查模型的以下三个部分。

1. 面数

在面数上，要尽可能地将模型面数控制在千面左右，部分形状复杂的模型可以在几万面以内。这样做一是为了减少在 UE4 中不必要的光照计算，二是为了提升 UE4 运行的流畅性，减少计算机的卡顿。

另外，会有部分面数较多的装饰品等，须将其拆分出来（可分开导入），前期主要是检查主体模型的质量。

查看面数的方式：显示—题头显示—多边形计数。

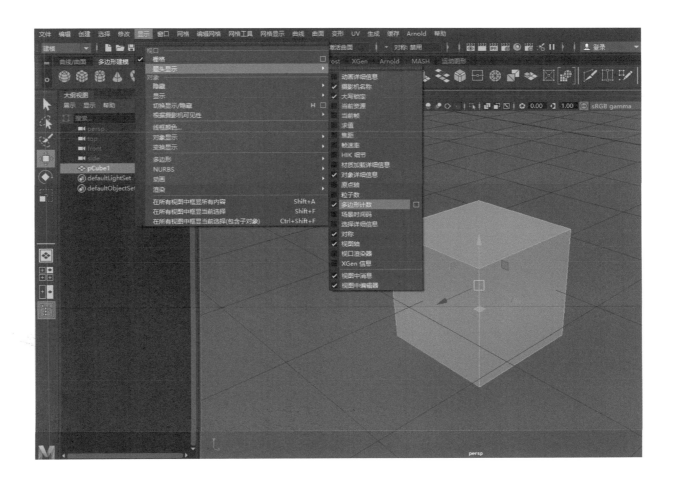

2. 网格布线

使用 Sketch Up 建模往往会忽略网格布线，因为在 Sketch Up 中并不显示模型的网格布线，但导入 MAYA 之后会发现

Sketch Up 模型的网格布线比较乱，这就会直接导致 UV 展开不均匀或者发生错乱，所以网格布线十分重要。我们要在导入 UE4 前，在 MAYA 中把模型多余的线删掉，使网格布线整齐统一。

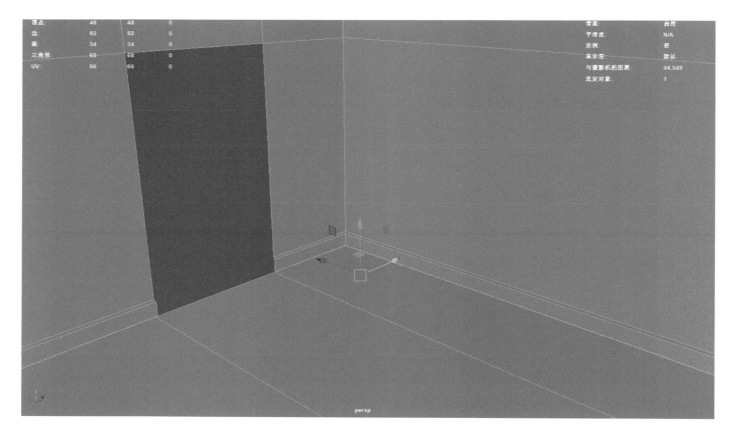

删除多余线条的方式：选中物体—右键长按进入边选择—选中要删除边，按 Ctrl + Delete 删除。

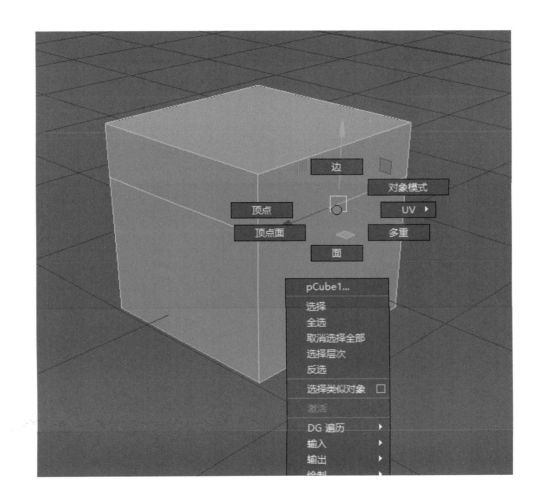

3. 法线

在 Sketch Up 使用中，法线也常被忽略。在 UE4 中，如果法线是反的，那么贴图会被贴到模型的反面，模型的正面将会变成透明且无法渲染的。所以，在使用 MAYA、3DS、Sketch Up 等软件建模时，要注意法线的正反。

用 Sketch Up 制作的模型，蓝色是反面，白色是正面，因此在建模的时候应尽量将渲染面统一为白色。在 MAYA 中调整模型时，法线反了的面会在同一光源下变成黑色，与其他面颜色不一致，我们要对其进行反转，确保法线统一。

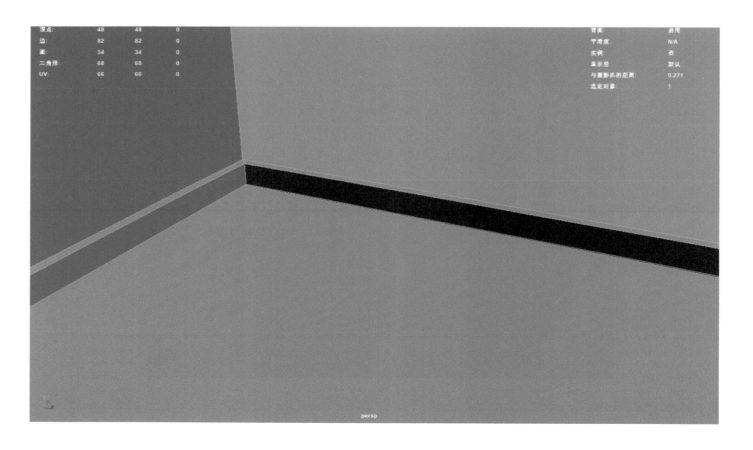

法线反转方式：选中物体—右键长按进入面选择—选中要反转面，点击网格显示—反转。

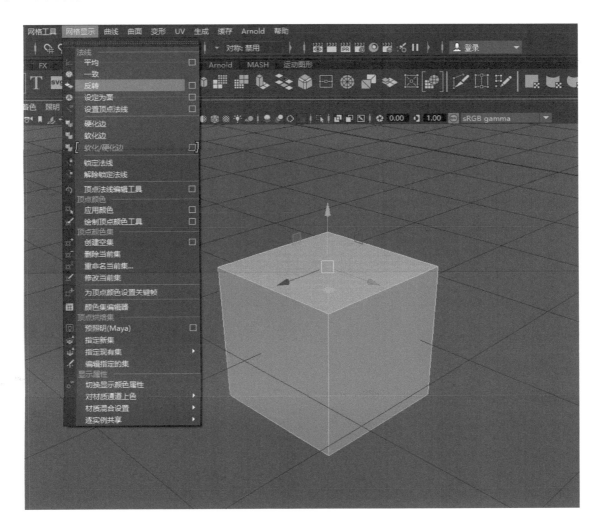

◉ 第二节　UV 拆分

在模型调整完毕后，下一步就是将其展开为 UV 贴图。UV 贴图可以使网格模型看起来更逼真（或风格化），并具备更细腻的纹理。UV 贴图在模型渲染中十分重要，其原理是对 3D 模型的表面进行平面表示。创建 UV 贴图的过程就称为 UV 展开，其中的 U 和 V 指的是 2D 空间的水平轴和垂直轴（因为 X、Y 和 Z 已在 3D 空间中被使用）。

下面进入 MAYA 进行具体操作。

在导入室内模型后（模型尽量只含有墙面、地面、顶面等硬装），可进行多边形拆分，将整体模型拆分成独立模型，然后分别进行 UV 拆分，这样可以使 UV 分布更加均匀。

（1）选中导入的模型—编辑网格—提取。

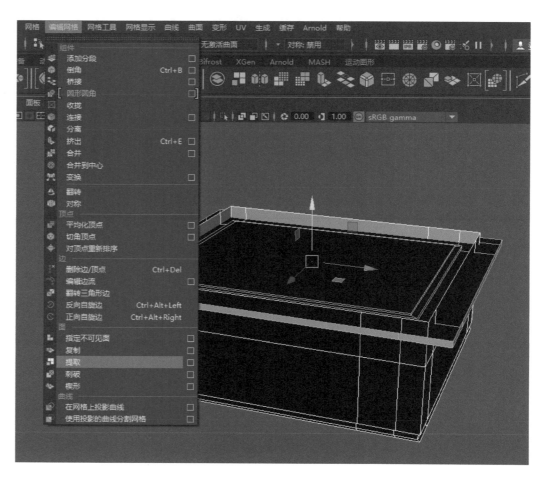

（2）在模型拆分后，坐标轴会产生偏移，需要点击修改—居中枢轴。

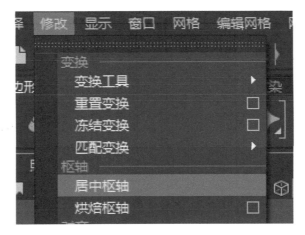

（3）逐个组件进行 UV 拆分。

选中要拆分的模型，点击窗口—建模编辑器—UV 编辑器，点击创建—自动。这样模型 UV 就可自动展开，可以在编辑中查看 UV 展开是否整齐。

室内模型都是相对平整的模型，所以 UV 采用自动展开，如果是复杂的模型，UV 拆分也相对复杂，可使用其他专业 UV 拆分软件，如 Unfold 3D 等。

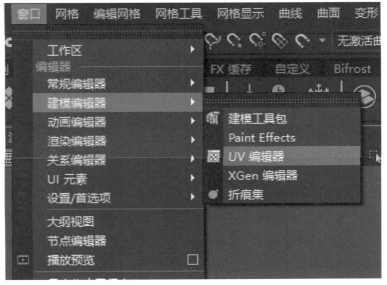

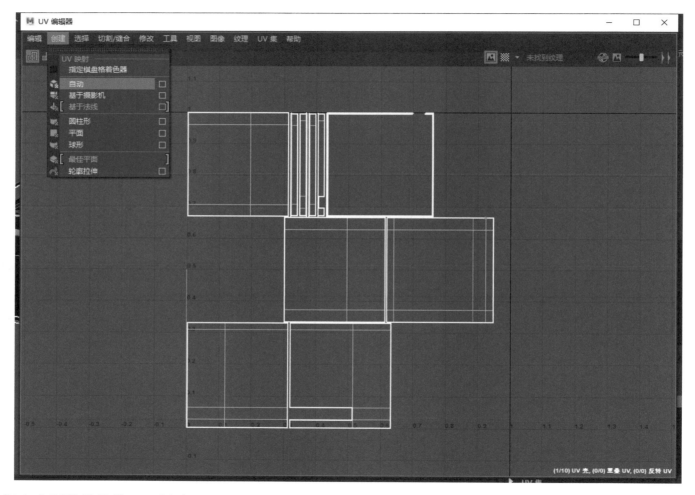

（4）把室内硬装的物体一一拆分 UV 后，可再导入家具并对其进行 UV 拆分。如果是重复物体（如椅子、茶杯等），只需导入一个进行拆分即可，其余可以在 MAYA 中复制。

▶ 第三节　材质分组

UV 拆分好后，需要对室内模型的不同材质进行分组，这也是不可忽略的一步，因为要在引擎中对不同材质进行不同的材质属性编辑，所以在导入模型之前，就要将材质分好（材质分组不需要复杂的材质，只需要以简单的颜色区分即可）。

（1）可以在 SU 中提前把不同的材质分好，但材质不宜过多，如果是不同区域的相同材质，可以使用统一颜色进行划分，即同一种材质选用同一种颜色（家具模型在 SU 中可能是引用的素材，材质一般较为复杂，这也是为什么我们要将室内硬装与家具分开；如果一起导入，将会出现许多杂乱的材质）。

（2）也可以在 MAYA 中对材质进行分组，或者检查 SU 中的材质分组。

①点击窗口—渲染编辑器—Hypershade。

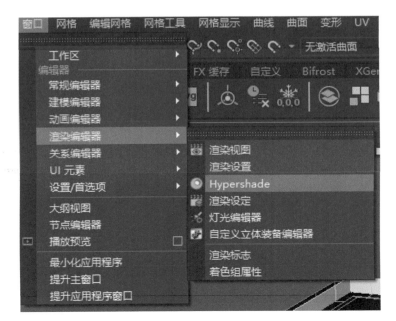

可以在 Hypershade 中查看场景中所含有的全部材质，也可以在 Hypershade 中对材质进行再次编辑。

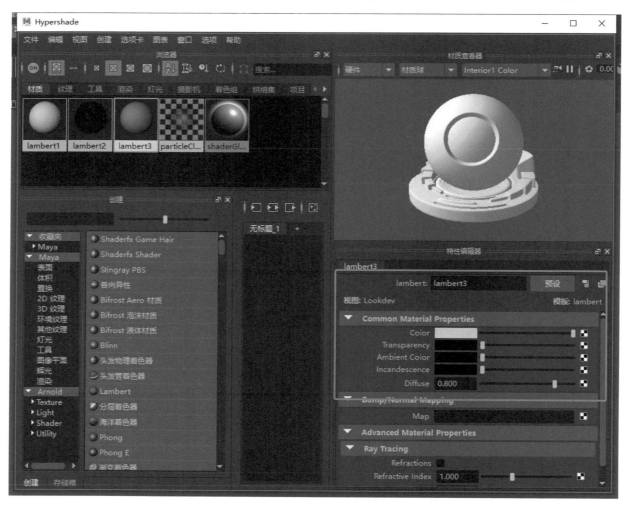

在 Hypershade 中可以修改材质的颜色、名称、属性等（这里只需要对颜色名称进行区分即可，不必过多编辑，因为材质的调整主要在 UE4 中完善）。

②选中要赋予材质的面或者模型（选中面的方式在本章第一节中已介绍），长按右键—指定现有材质—选择要赋予的材质。

③模型的法线、网格布线、UV、材质等处理好后，就可以将模型导出了。在导出时，如果模型较复杂，可以将墙面、地面、家具等分开导出，这样在导入 UE4 时不会出现卡顿的现象。在导出模型的格式选择上，应尽量选择 FBX 或者 OBJ 等格式。

MAYA 导出方式：选择模型—点击文件—导出当前选择（可单选也可多选模型）。

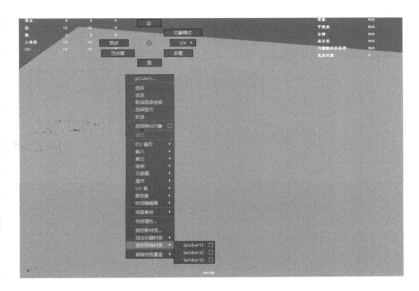

选择模型格式，导出保存即可。

第三章

基础操作

在室内模型准备完毕后，便正式进入 UE4 的世界！

▶ 第一节　软件安装

UE4 属于 Epic Gamse 旗下产品，我们首先要安装 Epic Games 客户端。

进入 Epic Gamses 的官方网站 https://www.epicgames.com/site/zh-CN/home，点击网页右上角的"获取客户端"进行下载安装。

我们需要注册一个 Epic Games 账号，用来登录客户端，以及储存自己的项目和资源。

　　在安装完 Epic Games 客户端并登入后，点击虚幻引擎—库，点击引擎版本后的 "+"，可选择需要使用的版本（本书选择 4.22.3 和 4.25.4），然后进行安装（前期讲解 UE4 使用时使用 4.22 基础版，后期实际开发时用 4.25 新版进行，两个版本差距不大，使用新版本开发便于读者熟悉新版本的使用）。

在此顺便介绍一下虚幻商城。在虚幻商城中，可以看到国内外许多优秀的 UE4 用户制作的材质、粒子、模型等资源，其中有收费资源也有免费资源。值得一提的是，虚幻商城每月都会提供不同的限时免费资源，同时也有许多永久免费资源供用户下载使用、学习。我们可以将自己想要学习或者使用的资源加入保管库中收藏。

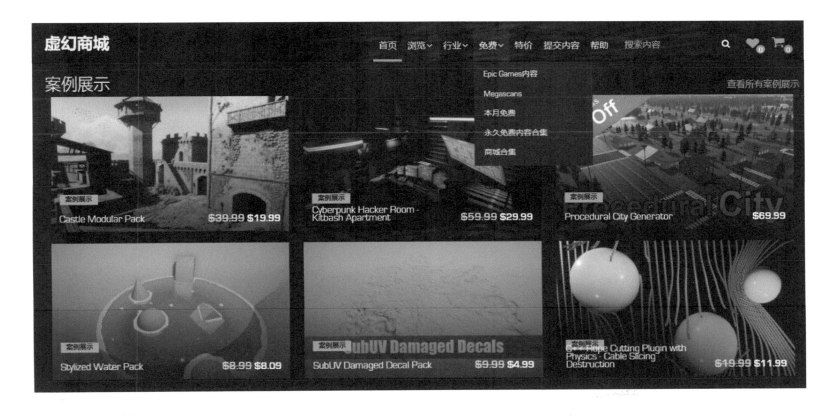

▶ 第二节　操作界面介绍

安装完成后，点击启动 Unreal Engine 4.22.3。

启动完成后，来到新建项目界面。

在这里首先选择新建项目—蓝图—空白（其中还有制作 VR、AR 等不同的模板，感兴趣的读者可尝试了解）。然后选择默认的主机—最高质量（如果电脑配置较低，可选择其他选项）—具有初学者内容（初学者内容里面有可调用贴图、材质等）。最后选择项目储存位置，并对它进行命名。

完成后，即可点击创建项目。

下面分区域介绍 UE4 的页面布局以及基本功能。

首先是左上角的四个基本选项。

在文件中是保存、新建等基本功能，项目类的打包输出等也在这里。

在编辑中有比较重要的项目设置以及插件设置。

在窗口中，可以根据个人喜好调整页面布局，以及显示一些未显示的功能。

在帮助中，可以查看一些 UE4 官方的指导文档等。

再向左是关卡中的一些基本功能。

Blueprints（蓝图）是可供创建或编辑的世界蓝图列表，在关卡运行时，可对其进行蓝图节点编辑。

Cinematics 可以用来制作关卡序列，视频剪辑输出也是依靠这部分功能。

Build 中可以构建灯光，在灯光章节会对灯光属性展开具体讲解。

播放中可使用第一视角浏览场景。

下图就是操作视窗。

可以用 Alt+ 鼠标中键对窗口进行平移，用滚轮键来缩放场景，用鼠标左键或者右键都可对视窗进行旋转。

对物体的移动也在其中，选中物体后，会出现移动坐标轴，其操作与 MAYA 相同，W 是移动，E 是旋转，R 是缩放。

也可以在窗口右上角的功能区中进行移动、变换操作。同时，还可以在这里对旋转、缩放的角度以及大小进行设置。

在窗口的左上角，可以选择角度及预览模式。

同时，在下拉的小三角中，可以对屏幕进行高分辨率截图。这也是对实时渲染后的场景直接进行图片输出的方法之一。

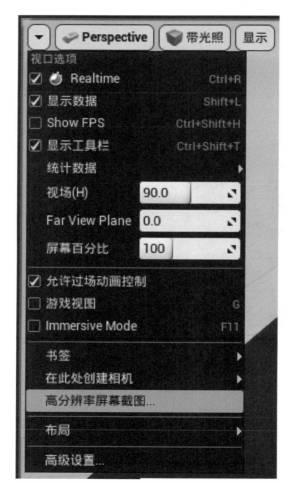

视窗的左侧是 UE4 的五个基本功能。

第一项是放置。

我们可以将该区域下方的一些基本功能要素直接用鼠标左键拖入场景中，光源、大气雾、反射捕捉等都在其中。

放置也是常用的区域，体积、灯光、视觉效果下都具有不同的功能模块。

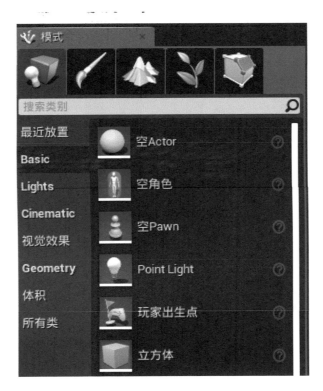

第二项是网格绘制功能。

该功能主要应用于顶点颜色绘制，我们可以在下方调整绘制笔刷的属性等。

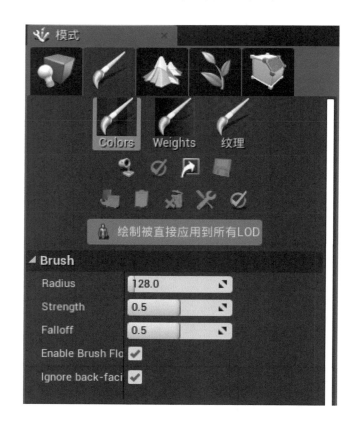

第三项是地形绘制功能。

在 UE4 中制作山脉等环境时会使用到地形功能。该功能下还可导入高度贴图等。也可使用其他地形软件制作好模型后，将其导入 UE4，在此模块下进行二次编辑。

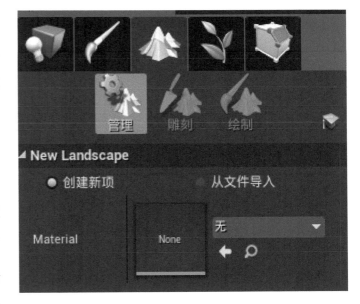

第四项是植被系统。

在 UE4 中，制作大范围的草地或者森林时可使用该功能进行大面积绘制平铺，该模块下也可调节画刷的属性，以及绘制植物的数量、高度、大小差异等。

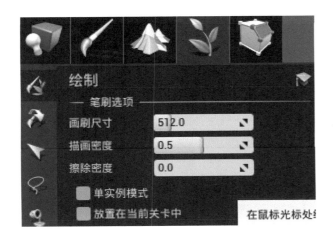

第五项是几何编辑体功能。

该功能可对模型进行简单的编辑调整，但还是建议在建模软件中先将模型调整好（也许在更高的版本中，该功能会逐渐升级完善）。

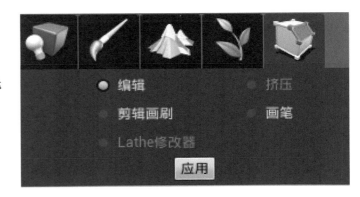

视窗的右侧是世界大纲视图。

这里面主要包含了场景中的所有模型及功能模块，可按类别对其进行整理。

在世界大纲视图下是对应的细节区域。我们可以在世界大纲中选中模型或者功能模块，在细节中查看以及调整它的各种属性。

资源浏览器。

在这里可以导入并查看模型及素材等，同时可以对资源进行分类储存。

▶ 第三节　资源导入

了解了基础功能后，我们开始导入模型及资源。

首先点击资源浏览器 — 新增中的新建文件夹，并把它命名为自己项目的名称。

随后，双击打开文件夹，点击其中的导入，选择预先准备好的模型，点击导入后，会出现导入的设计页面。

在导入模型属性中，我们主要查看 Mesh 属性。点击 Mesh 下的三角符号，查看 Mesh 的全部属性。在导入时，要注意以下四点。

Skeletal Mesh：骨骼模型，当模型有骨骼时需要设置，没有则不用勾选。

Auto Generate Collision：自动生成碰撞，这里我们取消勾选，让模型不具有碰撞，这样才能在预览时自由穿梭，如果模型含有碰撞，则会限制移动。后期可单独制作与模型匹配的碰撞。

Generate Lightmap UVs：自动生成光照 UV，在模型上一般没有制作第二层 UV，所以在这里我们需要勾选，让引擎自动生成光照 UV。

Combine Meshes：如果模型不是一个整体，在这里就需要勾选，在引擎中将 它们合并，这样会更加便于操作。

完成设置，点击导入所有就会在资源管理器中看到模型，以及在模型准备阶 段拆分好的材质。

同样，我们也可以导入贴图等所需的素材，操作方法与导入模型一致，不过 在贴图导入时不会有相对复杂的设置。

导入模型后，点击文件中的新建关卡来制作新项目。

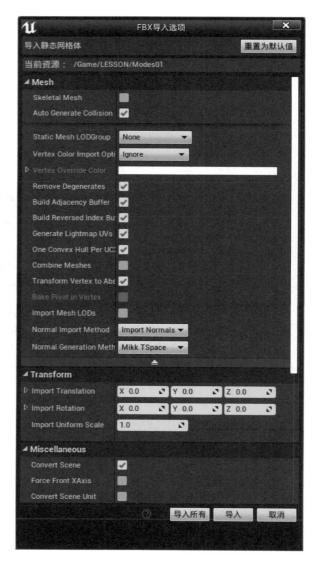

在新建关卡中，选择 Default 即可，其中还有已经设置好的天空背景。

完成后，点击文件中的保存当前关卡到我们自己的文件中，并对其命名。保存好的关卡也就是我们的 Map，可以在下次启动时打开它。一些游戏或者影视作品正是由一个又一个的 Map 所组成。

此时，可以删除场景中原有的模型，将我们自己的模型以鼠标左键拖入窗口中。

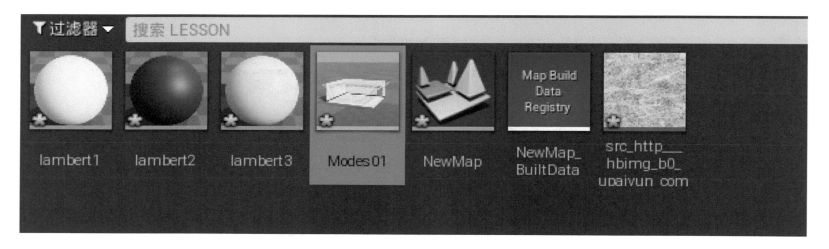

然后对模型位置进行调整，主要是XYZ轴的坐标归0，这一步比较关键，对模型的摆放十分重要。如果模型的尺寸有偏差，可进行整体缩放。

完成后，就可以在视窗中看到我们的模型了。

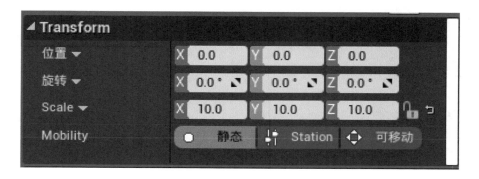

在模型放入之后，就可以进行简单的漫游。

大纲视图中的 Player Start 即我们的浏览出发点，可以在窗口中调整它的位置以及开始方向等。

点击播放即可在环境中进行漫游，使用 WASD 来控制移动，使用鼠标来控制方向，使用空格键来控制高度。

◉ 第四节　基本功能介绍

1. 灯光属性

将模型拖入视窗后，会有未构建灯光的提示或者墙面上有 preview 字样，这是由场景的灯光属性所引起的。

因为 UE4 所采用的是实时渲染，所以灯光也具备不同的属性，为实时渲染提供不同的计算方式。我们首先来了解一下灯光的三个基本属性。

选中目前场景中唯一的灯光 Light Source，点击后会看到它的属性面板。

所有的光源在 Transform 面板中都是一样的，前三项是它的位置属性，第四项 Mobility 是一个渲染属性，在静态或者 Station 状态下，灯光是需要烘培构建的，这也是为什么在场景中会出现未构建灯光 preview 字样的原因。下面介绍一下这三个属性。

静态：光源在该属性下不能在浏览模式中修改，同时需要完全烘培光照贴图，相对节省资源。

Station（固定光源）：光源在该属性下仅存 Lightmass 烘培的静态几何体获得阴影和反射光，其他所有光照均为动态，在浏览模式中可调整强度和颜色。这是目前常用的静态光，烘培过后，依然可以对可移动对象产生动态阴影。

可移动：光源在该属性下不需要烘培，是完全动态的属性。选中该属性，所放置的灯光不需要烘培构建。但它的渲染是完全实时渲染的，所以也相对占用较多显卡资源。一般场景中，除了几个重要的光源采用烘培光源，其他大部分光源都采用动态光源。

这是光源的三个基本属性，更多的属性会根据不同光源展开详细介绍。

2. 模型属性

在场景中使用固定光源构建灯光后，会发现模型上有马赛克，这是因为没有修改调整要导入的模型的分辨率，这一操作属于模型属性界面的操作。下面介绍一下模型属性。

双击打开导入的模型就会看到 UE4 的模型界面。

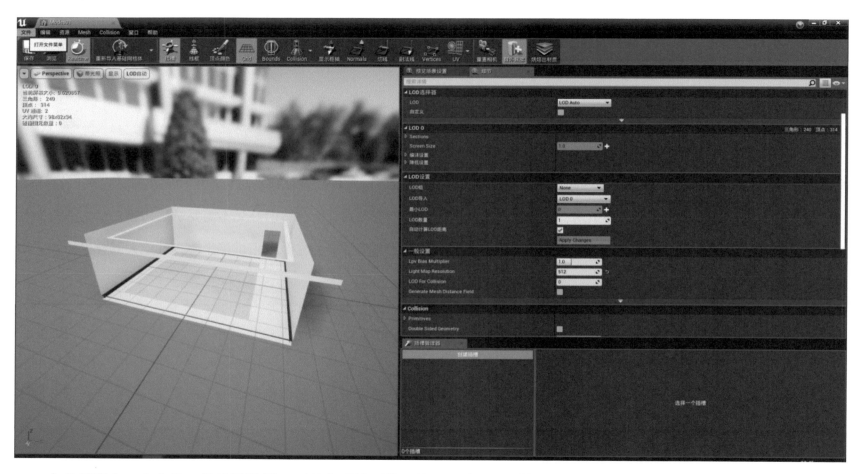

　　在此界面中，上方是一些显示设置，可以查看模型的碰撞、法线、UV 等。右侧是模型的设置，主要包括 LOD、一般设置以及碰撞设置，这三项都是比较重要的属性，尤其是 LOD（Levels of Detail），例如在场景中，当我们距离一个物体较远时，物体会模糊化，它的模糊层次就是通过 LOD 设置的。

在场景最初制作阶段，我们主要对一般设置中的 Light Map Resolution 进行设置。

一般设置	
Lpv Bias Multiplier	1.0
Light Map Resolution	64
LOD For Collision	0
Generate Mesh Distance Field	

这里我们可以把它理解为烘培光照的分辨率，光照有马赛克也是因为它的数值太低，我们对它的数值进行调整，可以调整为 512 或者 256 等，这样在构建灯光后，烘培的灯光会更加细腻。

关于碰撞设置，因之前导入模型时去除了它的碰撞，这里暂不做介绍，在后续章节将会详细介绍如何制作与模型贴合的碰撞。

3. 材质属性

下面，简要介绍一下 UE4 材质属性面板。

在导入模型后，模型所带有的材质也会一并导入进来。在资源浏览器中可以看到材质球，以及在模型属性上看到它所带有的材质。

在预览界面视窗中，初始预览模型为球体。可以根据预览要求，通过视窗右下角的图标选择其他预览模型，其中可供选择的还有平面、圆柱体、立方体以及自定义模型。在材质属性调整界面中，可以切换选择不同的材质属性，而不同的材质属性也会拥有不同的材质效果和材质通道等。

界面中间为材质编辑器，在编辑器中主要是用不同的逻辑节点连接不同的材质通道，从而进一步对材质效果进行修改和优化。在材质通道的初始界面中，我们会看到它具有不同的属性通道，其中部分属性通道是灰色不可使用的，这是由材质属性所决定的，可以通过更改材质属性来打开灰色的通道。

　　界面最右侧是蓝图编辑的节点，每个节点都有不同的功能。

　　对于不同材质的制作，本书将会在材质系统章节进行具体制作流程的讲解。

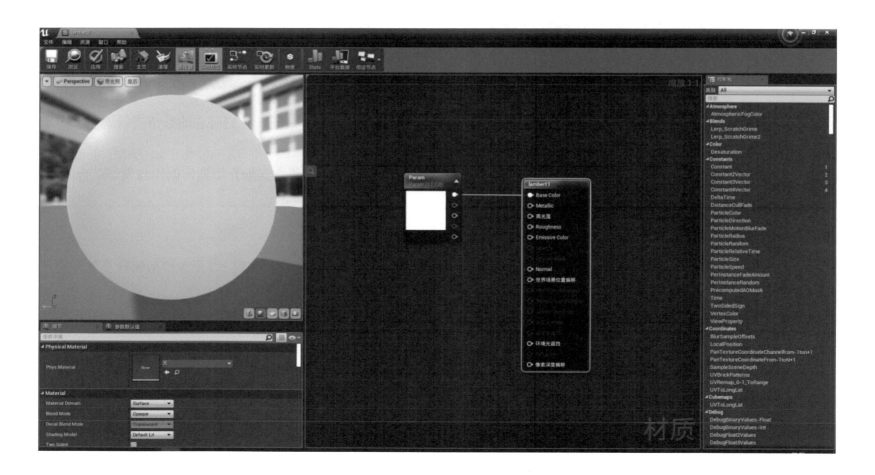

第四章

灯光系统

本章讲解灯光系统中不同的灯光。**为了更好地了解**灯光的显示属性，我们可以新建一个空白关卡，然后将模型拖入其中，对其位置和大小进行调整，随后来测试不同的灯光属性及其效果。

▶ 第一节　定向光源与天空光源

1. 定向光源

从放置中以鼠标左键拖入定向光源到场景中。

定向光源对整个场景进行照明。不论将它的位置放在哪里，它影响的都是整个场景。我们可以对定向光源进行旋转，改变其光照角度，进而对被投射物体的阴影角度进行更改调整。定向光源一般用于景观或者建筑等室外环境。在室内渲染时，要使墙体产生阴影效果，一定要注意墙体、屋顶等是否具有厚度，如果模型是单面模型，那么定向光源会穿透模型，我们需要在模型材质中选择双面材质，这样就可以避免光束穿透模型，从而渲染出符合物理环境的阴影。

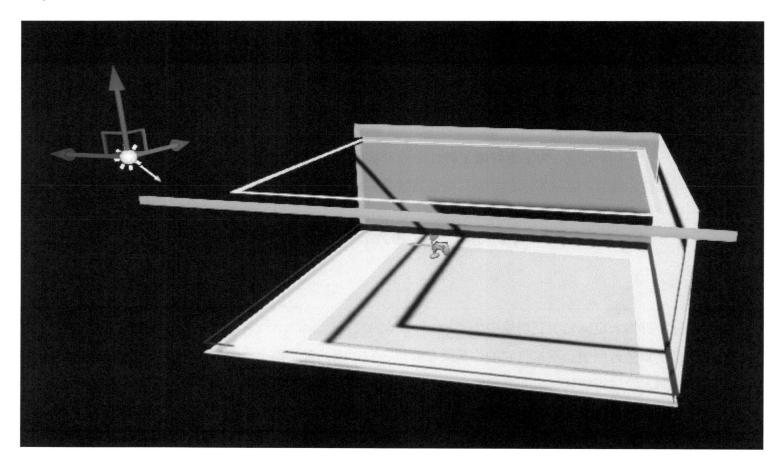

本次导入的室内空间是单面，可以看到定向光源穿透了墙壁摄入屋内。如果我们要渲染的环境是含有室外环境的整体空间，在制作模型时一定要为其添加一个厚度，这样才不会产生透光，同时也符合真实环境中的墙体具有一定厚度的常理。

在灯光属性选择上，一般选择 Station（固定光源），这样既可以烘培好静态物体的阴影，也可以对动态物体的阴影产生影响。以下是定向光源中几个比较重要的参数。

Light：该模块主要调整光的参数。

Intensity：光照强度，调节光的亮度。

Light Color：光照颜色，调节光的颜色。

Temperature：白平衡，需要勾选下面的 Use Temperature 才能调整使用。该参数 6500 以上是冷光，6500 以下是暖光。调节该参数会影响整个场景光源的冷暖。

Indirect Lighting Intensity：间接光照强度，该参数主要调整光的弹射次数，如果数值过高，弹射次数变多，环境内光可能会过曝。

Specular Scale：高光范围，该参数主要调整物体投射高光的强度，当数值为 0 时，物体没有高光。

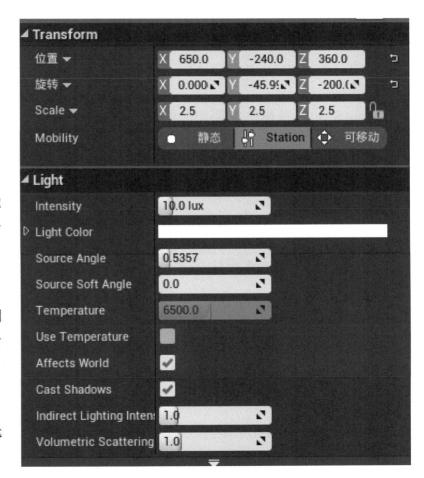

Lighting Channels：光线通道，每个光线默认具有三种通道，相应的，模型上也具备接受光线的三种通道。如果我们只想让模型接受第一个光的影响，而不被第二个光所影响，可以将模型与第一个光线勾选在同一通道，将第二个光勾选在另一通道。

Light Shafts：该模块主要调整光束参数（例如树叶间的光束）。

Light Shaft Occlusion：是否开启环境光遮挡，开启后可以看到大气中的光束效果。

Occlusion Mask Darkness：调整遮挡强度。

Light Shaft Bloom：是否开启光束效果。

Bloom Scale：调整光束效果，参数越大光束越大。

Bloom Tint：调整光束颜色。

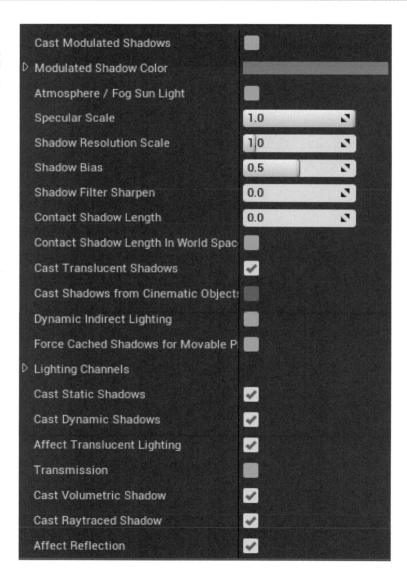

Lightmass：该模块主要调整光线柔和度。

Light Source Angle：太阳光角度，该参数数值越大，投射的阴影就越柔和。

Indirect Lighting Saturation：间接灯光饱和度，该参数主要调节光线反射的饱和度。例如灯光颜色为红色，当饱和度调为 0，那么反射的灯光会成为白色。

2. 天空光源

从放置中以鼠标左键拖入天空光源到场景中。

天空光源类似于 Vray 中的 HDRI+ 穹顶光的效果，我们也可以在天空光源中使用 HDRI 贴图。

天空光源也使用 Station（固定光源）属性，在构建天空光源后，会发现没有效果，这是因为天空光源要配合大气雾使用。将大气雾拖入场景中，再次构建，就会看到天空光源的效果。

以下是天空光源中几个比较重要的参数。

Light：该模块主要调整光的参数。

Source Type：天光类型，在使用 HDRI 贴图时，选择 SLS Captured Scene。

Cubemap：选择 HDRI 贴图，HDRI 贴图会对整个环境产生影响，使环境光中包含 HDRI 中的颜色信息。

Cubemap Resolution：HDRI 贴图的分辨率。

强度范围：天空光源的光照强度。

Light Color：天空光源的颜色。

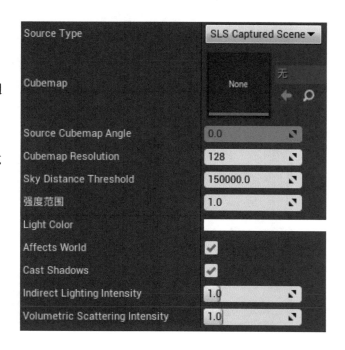

天空光源的设置主要在 Light 部分，与天光紧密相关的还有天空盒子，我们可以在放置中搜索 BP，就会找到天空盒子，并将其拖入场景。

下面对天空盒子的设置进行介绍。

默认：该模块调整天空盒子的基本属性。

Directional Light Actor：拾取定向光源，以确定太阳的位置。

Colors Determined By Sun Position：勾选该参数后将会使用设置好的天空，取消勾选则可以使用在覆盖设置中自定义的天空。

Sun Brightness：该参数调整太阳光光晕。

Cloud Speed：该参数可以控制云的速度。

Cloud Opacity：该参数调整云的透明度。

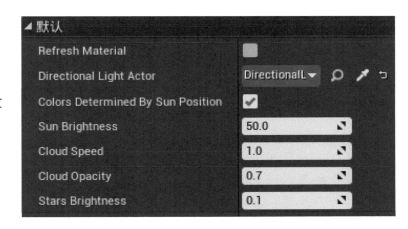

Stars Brightness：该参数调整天空中星星的亮度（使用该参数时需要取消对定向光源的拾取，并且在覆盖设置中将 Sun Height 调整为负值）。

覆盖设置：该模块调整天空参数（调整该模块，需要在默认中取消对定向光源的拾取，以及取消勾选 Colors Determined By Sun Position）。

Sun Height：太阳高度，该参数决定时间，负值为晚上，正值为早上。

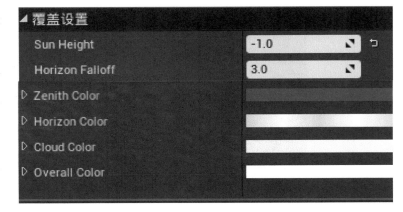

Zenith Color：穹顶颜色。

Horizon Color：地平线颜色。

Cloud Color：云的颜色。

Overall Color：整体颜色。

● 第二节　聚光源与点光源

聚光源和点光源是两种基本光源。

1. 聚光源

聚光源，顾名思义，属于一种可以聚集光束的光源，在舞台上经常可以见到。在 UE4 的灯光制作中，聚光源也是常用的光源。下面，我们来了解聚光源的属性及设置。

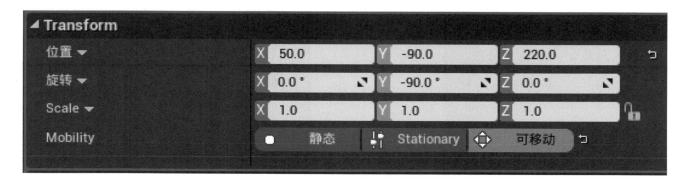

在灯光属性上，与天光一致，我们可以选择三种不同的烘培属性。下面是聚光源的常用属性调节。

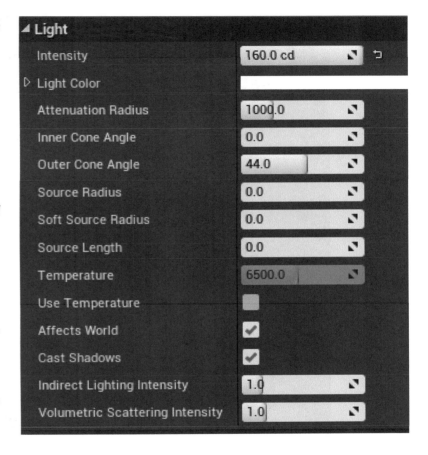

Light：该模块调整光的参数。

Intensity：光照强度，调节光的亮度。

Light Color：光照颜色，调节光的颜色。

Attenuation Radius：聚光源可照射距离，在范围之内的物体会被光照影响。

Inner Cone Angle：光源内圈范围。

Outer Cone Angle：光源外圈范围（内圈范围小于外圈范围，相差数值越大，光的边缘越柔和）。

Source Radius：该属性要配合静态灯光烘培使用，数值越大，则受聚光源影响产生的阴影越柔和。

Soft Source Radius：该属性要配合动态灯光烘培使用，数值越大，则物体受灯光影响所反射的高光范围越大。

Light Function：该模块调整光照函数，可在 Light Function Mate 处加入动态材质，使聚光灯产生动态效果（如制作酒吧里的动态霓虹灯）。

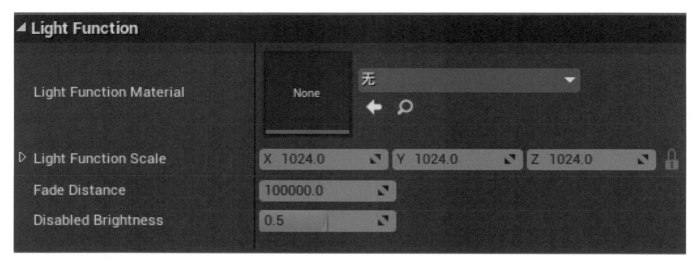

Light Profiles：该模块调整聚光源所产生的光源形状，可在 IES Texture 处导入 IES 贴图来改变聚光灯的光源形状，也可结合 Light Function 使用。

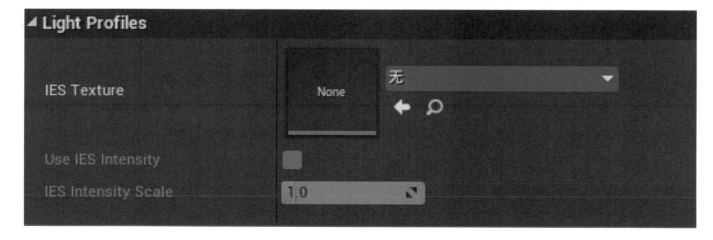

2. 点光源

点光源也是常用的光源，其灯光属性与聚光源属性大同小异，这里主要讲解与聚光源差距比较大的一个属性。

我们通过调节 Light 模块中以下这三项属性来制作灯管类型的灯光。

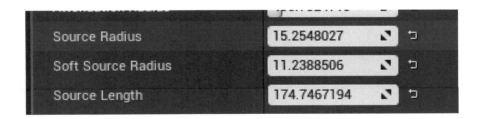

Source Radius：该属性调节点光源的灯光点大小。

Soft Source Radius：该属性调节点光源的光线柔和程度。

Source Length：该属性调节点光源的灯光点长度。

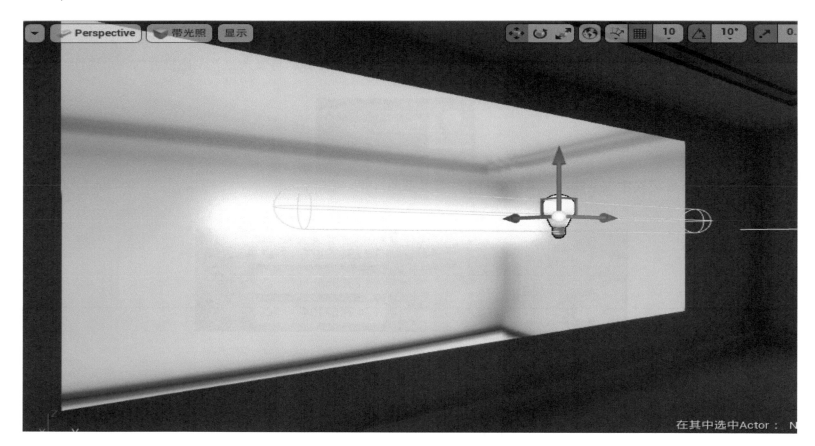

这是简单调整三项数值后所得到的反射效果。

另外 UE4 在 4.22 版本后，更新了面光源，该光源与聚光源类似，其属性设置也基本一致，此处不再赘述。

▶ 第三节　高级指数雾与体积光

1. 高级指数雾

高级指数雾在制作具有神秘感或者冷藏式一类的空间时经常用到。以下是高级指数雾的常用属性设置。

Fog Density：控制雾的浓度（横条拖动最大值为 0.05，可手动输入数字来改变浓度）。

Fog Height Falloff：控制雾的高度。

Fog Inscattering Color：控制雾的颜色。

Fog Max Opacity：控制雾的不透明度。

2. 体积光

体积光是指灯光结合高级指数雾所呈现出的效果，图中是定向光源与高级指数雾结合制作的光线照射进房间的效果。

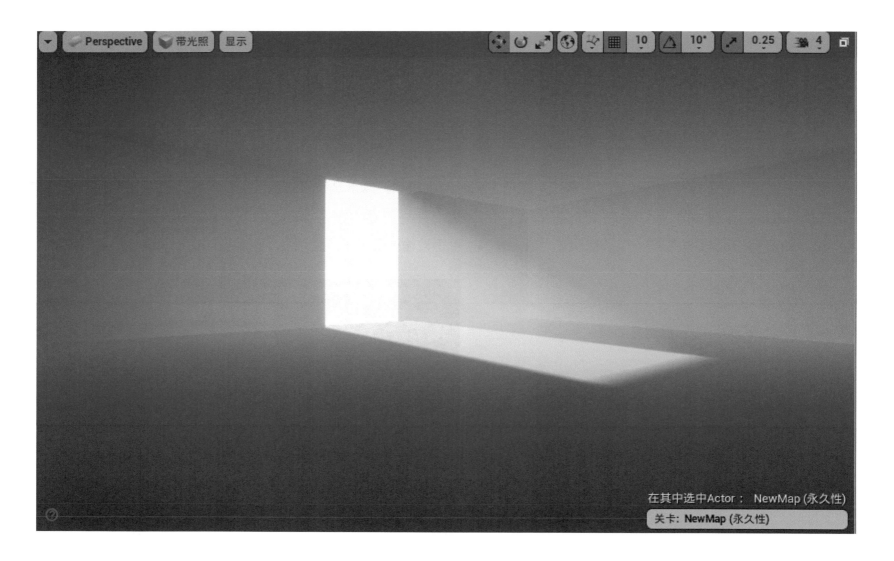

首先，在高级指数雾的属性中勾选指数雾中的体积雾选项，从而打开体积雾，并通过 Scattering Distribution 选项来调节体积光的亮度。

然后，在要制作的体积光的灯光设置中勾选 Light 模块中的 Dynamic Indirect Lighting（也可以通过搜索栏搜索该属性）。

体积光经常与定向光源和高级指数雾结合来制作阳光照进屋内的效果，与聚光灯和高级指数雾结合来制作舞台或其他场合的射灯效果。在实际应用时，可以将体积光应用到不同的灯光效果中。

● 第四节　世界设置

世界设置是 UE4 中对整个构建项目地图的设置。在世界设置中，可选择游戏模式、游戏角色、游戏控制器等。同样的，世界设置中也可以调节光照烘培后的效果。本节主要结合世界设置中的光照属性，来学习调节不同的静态光烘培效果。

在 UE4 中，为了获得更好的室内灯光效果，需要结合固定光源和动态光源来进行光照烘培。在需要烘培的灯光数量上也有一定要求，一般把主光源设置为固定光源，其他辅助光源设置为动态光源，来构建灯光。

灯光的烘培，需要点击构建光照来实现。在光照构建的光照质量选择中，前期一般选择 Preview 来构建光照，这样可以省去大量的计算时间。在完成所有项目的制作后，可选择较高的质量来生成更细腻的光照，但这会花费一定的时间。

世界设置中的 Lightmass 模块可用来进行灯光烘培属性设置。以下选取其中需要调节的属性进行讲解。

Static Lighting Level Scale：该属性可理解为调节灯光构建速度，数值越大，构建越快，但质量会相应降低，一般在制作大场景中使用。在室内设计中一般会选用 0.5 来增加灯光构建质量。

Num Indirect Lighting Bounces：该属性用来调节灯光反射次数，在做室内设计时，为了达到最好的光线反射效果，一般会把数值设置在 30~50 之间。

Num Sky Lighting Bounces：该属性调节天光反射次数，如果墙面在构建后有霉斑，可增大此参数来进行消除，常用数值在 1~5 之间。

Indirect Lighting Smoothness：该属性可平滑打磨灯光效果，但会影响到阴影。

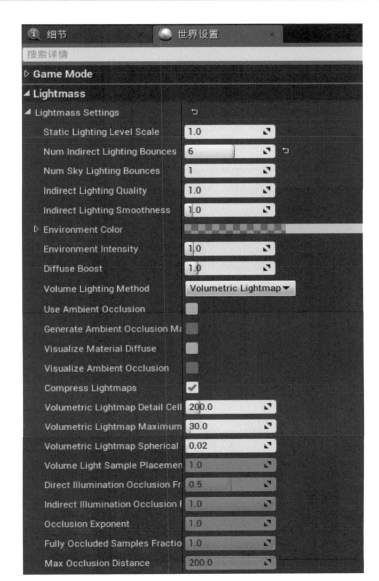

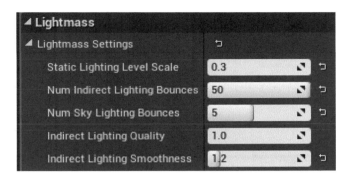

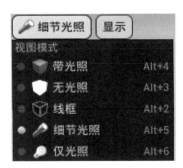

　　在了解了这几个常用属性后，为大家提供一套室内灯光常用的构建属性设置。在完成所有灯光设置后，可选择制作级别的灯光来进行最终构建，完成最终的室内效果，可使用 Alt+5 或者选择显示模式来查看整体灯光效果。

　　本章主要介绍了常用灯光的属性调节以及效果。读者可根据实际项目来调节灯光属性，完成场景灯光设置。

第五章

材质系统

本章讲解 UE4 材质系统以及各个材质的制作流程。

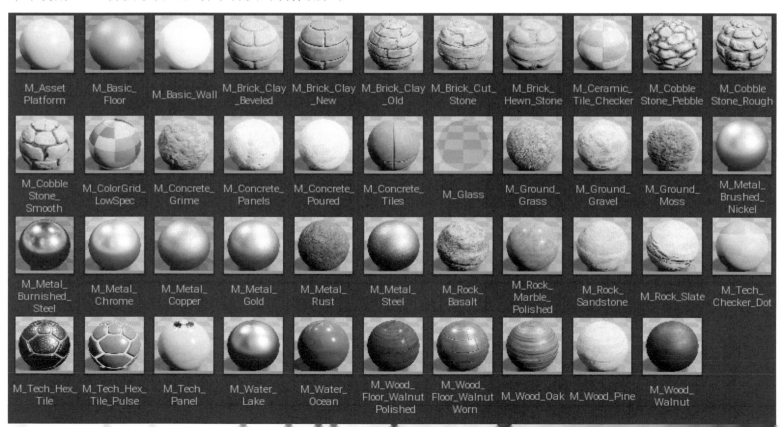

　　首先介绍一下什么是材质。材质（material）是可以应用到网格物体（mesh）上的资源，用它可控制场景的可视外观。简单来说，可以把材质视为应用到一个物体的"描画"，但这种说法并不全面。因为材质实际上定义了组成该物体所用的表面类型（质感），可以定义它的颜色、光泽度及透明度（半透明）等。用更为专业的术语来说，当穿过场景的光照接触到物体表面后，材质被用来计算该光照如何与该表面进行互动。这些计算是通过对材质的输入数据来完成的，而这些输入数据来自一系列图像（贴图）和数学表达式，以及材质本身所继承的不同属性设置。

　　UE4 中的材质系统与灯光系统一样，是 UE4 中非常重要的视觉系统，我们需要通过不同的贴图、参数来完成不同的材质表现，进而达到我们想要表现的视觉效果。

◉ 第一节　材质系统介绍

1. 材质面板

　　认识材质系统，首先要了解材质的创建、材质面板的操作及面板的不同功能。

　　下面我们先创建一个属于自己的材质。在资源面板处，右键选择创建材质，并为材质命名。

下一步，双击材质球，进入材质面板。

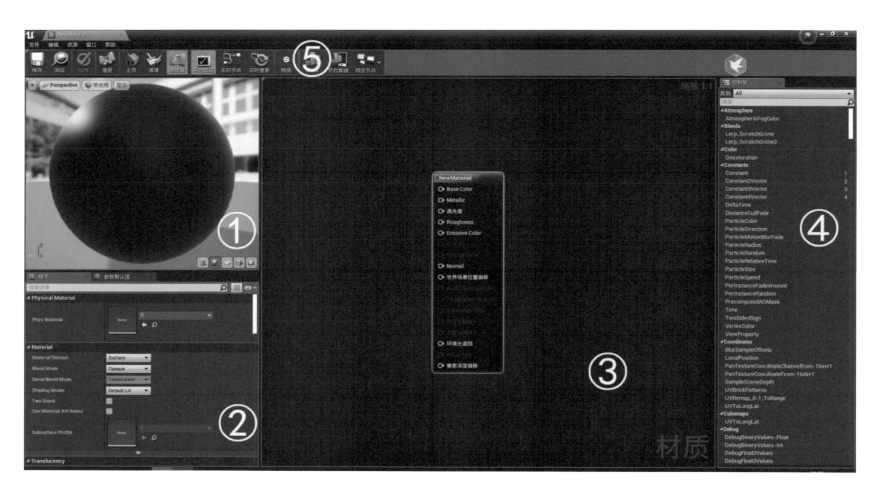

①是材质预览窗口，可以在这里实时查看材质效果。

②是材质模式调节，选择不同的材质模式可以制作不同效果的材质，不同的材质模式也对应着不同的材质通道。

③是材质编辑窗口，我们需要在这里通过不同节点以及数值的连接，来制作不同的材质效果。

④是 UE4 材质系统里所有的材质节点，在制作室内渲染时，只会用到其中一部分。

⑤是材质面板的基础操作按扭。

2. 材质属性

进入材质制作环节之前，还需要了解材质属性，学习不同属性对材质效果的不同影响。

在材质属性中，主要应用常量来对材质属性进行数值控制。

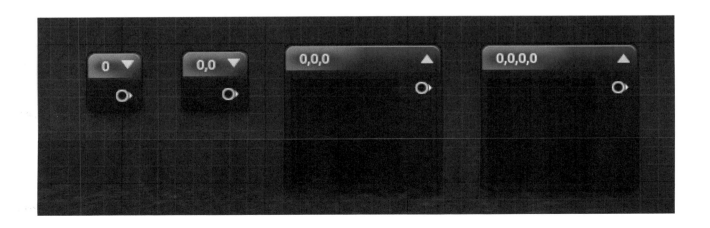

在控制面板中，按住数字 1 2 3 4 后，左击面板空白区域，会出现对应的常量数值。

常量 1：该表达式输出单个浮点值。这是最常用的表达式之一，并可连接到任何输入，而不必考虑该输入所需的通道数。例如，将一个常量连接到需要三个矢量的输入，那么该常量值将用于全部三个元素。提供单个数值时，可使用说明区域中的小三角形图标来折叠节点。该常量在材质属性中主要用于各个属性的调节，例如粗糙度、高光度等，其属性为一个指定数值，指定表达式所输出的浮点值。

常量 2：该表达式输出双通道矢量值，即输出两个常量数值。该常量对于修改纹理坐标非常有用，因为这些坐标也是双通道值。

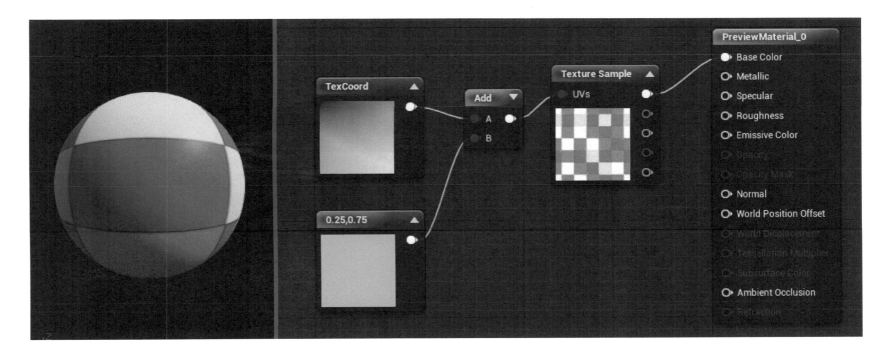

常量 3：该表达式输出三通道矢量值，即输出三个常量数值。可以将 RGB 颜色看作 Constant 3 Vector（常量 3 矢量），其中每个通道都被赋予一种颜色（红色、绿色、蓝色）。该常量主要用于颜色属性的调节。

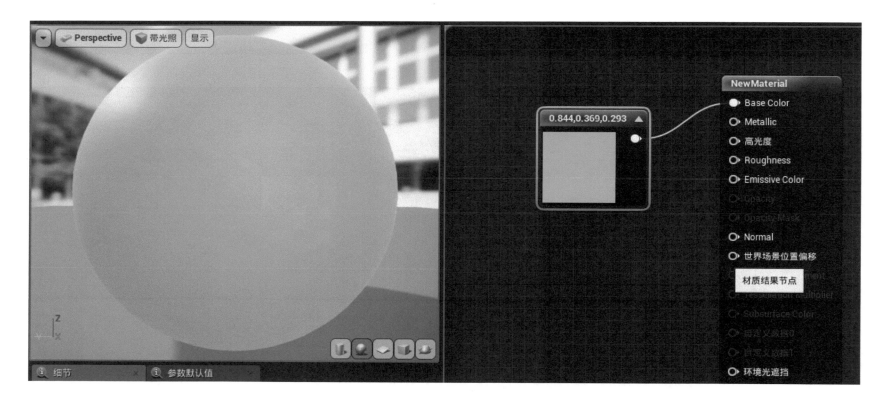

常量 4：该表达式输出四通道矢量值，即输出四个常量数值。可以将 RGBA 颜色看作 Constant 4 Vector（常量 4 矢量），其中每个通道都被赋予一种颜色（红色、绿色、蓝色、alpha）。

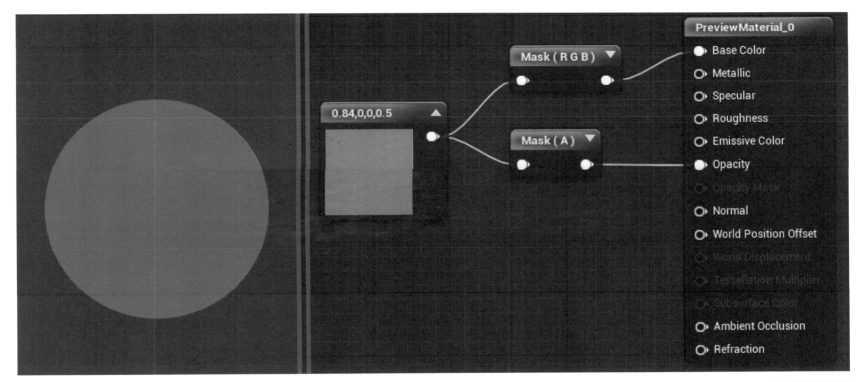

在了解完基本常量后，我们来了解不同的材质属性。

Base Color：基础颜色，调节材质颜色，通常以常量3来设置。

Metallic：金属度，调节材质金属质感程度，通常以常量1来设置。

高光度：调节高光，该属性基本不用调节，使用默认属性即可。

Roughness：粗糙度，调节材质粗糙程度，通常以常量1来设置。

Emissive Color：自发光，可调节材质本身发光程度，通常以常量 3 来设置。

Opacity：透明度，该属性用来调节材质透明度，通常以常量 1 来设置。该属性

默认为灰色，我们需要更改材质模式来打开此属性。在材质模式的混合模式中选择 Translucent。

不过在选择模式后，金属度属性会关闭，此时选择 Lighting Mode 中的 Surface Translucency Volume，这样之前关闭的属性会重新打开（各个不同的模式都有注释，读者可自行查看）。

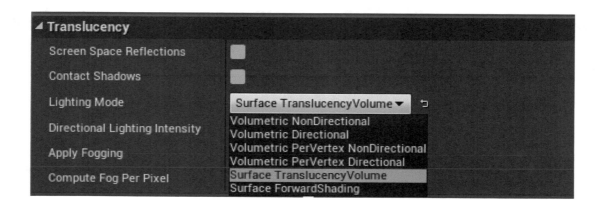

Opacity Mask：透明度遮罩，该属性用来调节材质透明度的遮罩，通常使用透明贴图（黑白贴图）来设置透明区域和实体区域。这里默认也是灰色，需要在混合模式中选择 Masked 模式来打开。

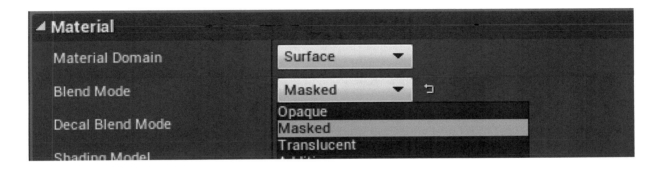

Normal：法线贴图，作为凹凸纹理的扩展，它使每个平面的各像素拥有了高度值，包含了许多细节的表面信息。

世界场景位置偏移：通过调节参数改变模型位置，常用于动态材质，通常以常量 3 来设置。

World Displacement：置换贴图，为低分辨率模型增加额外的细节，贴图会在物理层次上替换它们所作用的网格。该属性默认为灰色，需要在材质模式中的 Tessellation 中 D3D11 Tessellation Mode 中选择 Flat Tessellation 来打开。

Tessellation Multiplier：模型细分，可以通过该属性来增加模型网格细分数量，通常以常量 1 来设置。该属性默认为灰色，需要在材质模式中的 Tessellation 中 D3D11 Tessellation Mode 中选择 Flat Tessellation 来打开。

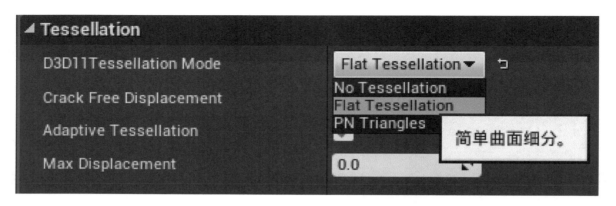

Subsurface Color：次表面颜色，该属性会产生透光性颜色，一般要配合透明度等材质使用，通常以常量 3 来设置颜色。该属性默认为灰色，需要更改材质模式来打开此属性。在材质模式的 Shadings Model 中，选择 Subsurface 来打开。

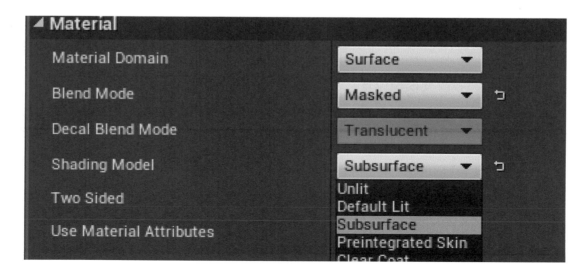

环境光遮挡：也就是 AO 贴图，描绘物体和物体相交或靠近时遮挡周围漫反射光线的效果，可以解决或改善漏光、飘和阴影不实等问题。在室内使用较少，多用于影视以及游戏场景制作。

Refraction：获取表面折射率的纹理或数值，在室内构建中一般不使用。

像素深度偏移：将模型渲染像素的深度沿着摄像机到该像素的方向往后推一个值，在室内构建中一般不使用。

另外，在材质属性中还有两处自定义数据，制作不同的材质球会选择不同的模式，这两处自定义数据也会随之变动，在后文具体材质制作时会详细讲解。

3. 常用数学材质节点

对材质属性的调节除依靠常量外，还要依靠许多数学节点来控制和改变材质属性。在 UE4 中，数学节点可以说是材质属性中非常重要的节点。下面讲解常用的数学材质节点（所有节点的输入都可以在材质编辑面板中以鼠标右键查找）。

Add：两个数值叠加，输出一个和。可以用来叠加材质等，快捷键为键盘 A 键。

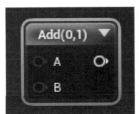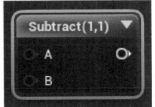

Subtrace：A 减 B，输出值。无快捷键。

Multiply：两个值相乘输出结果，可以用来增强贴图效果等，快捷键为键盘 M 键。

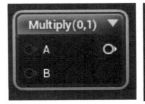

Divide：A 除以 B，快捷键为键盘 D 键。

Power：Base 基础值进行开方，Exp 为开方次数。在材质中可对贴图进行增强。

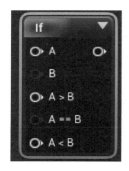

IF：通过判断 A、B 值的大小来输出结果，不同的判定方式会输出不同的结果，可以根据输出结果要求指定判定方式，可用于特殊效果制作。

1-x：用以反转数值，例如白色输入，通过该节点输出为黑色。

Lerp：线性插值函数，该函数在材质编辑器中对于贴图的使用可以这么理解，将贴图 A 与贴图 B 各减少 50% 透明度进行叠加，Alpha 相当于调节区间，可调节透明值，例如给 Alpha 0.2 的值，那么贴图 A 的透明值将减少 20% 与贴图 B 叠加，原理如下图所示。该节点快捷键为 L。

该函数使用方式多样，不仅可以调节贴图叠加，也可以调节黑白贴图的黑白程度。例如可以将黑白贴图输入 Alpha，然后通过控制 A、B 值来调节黑白的程度，可用于粗糙度等属性的调节。

Sine/Cosine：Sin/Cos 函数节点，会按函数区间进行变换，常用于制作动态材质。

Floor/Ceil：Floor 取浮动小值，例如输入 1.7，最终输出为 1。Ceil 相反，取浮动大值，例如输入 1.7，最终输出为 2。

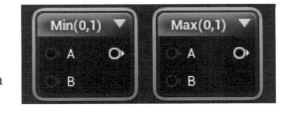

Max/Min：Max 是 A、B 比较取最大，Min 则取最小。

GIReplace：调节材质本身的 GI 反弹，可应用于动态光以及静态光烘培。

Desaturation：用来调整颜色饱和度，在 Fraction 处输入常量 1 来调整饱和值。

Mask：用来屏蔽贴图中的 RGB 通道，可选择指定颜色通道进行输出。

Clamp：对常量 1 进行数值区域限制，当输出值更大的时候，可用该节点来进行限制，进一步节省运算。

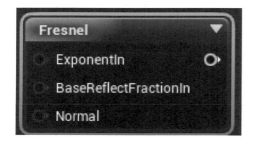

Fresnel：用于制作物体表面的光反射颜色，常用来制作布料、玻璃等材质。下图是使用 Lerp 结合 Fresnel 制作的一个材质实例，图中可以看出 Fresnel 节点的效果，受光处与背光处分别显示不同的颜色。

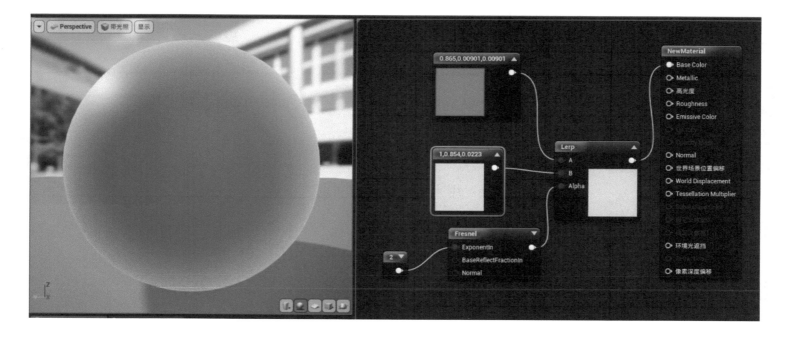

在 UE4 的材质系统中，除了用数学节点来运算材质属性输出值，还有许多其他的节点可以调节材质效果，我们会在后续不同材质的制作中进行详细讲解。但 UE4 中，材质系统主要还是依靠数学节点来调节输出值，所以数学节点的学习尤为重要。

◉ 第二节　木制类材质制作

从本节开始，结合 UE4 和 PS 来制作各类材质。

本节学习木制类材质的制作。本节材制制作所用到的很多材质节点为基本常用类型，在制作其他材质时都会使用到，包括材质实例、材质函数等基本知识点的运用等。

在开始制作木制类材质之前，我们需要准备三张基本贴图：Base Color、Normal、Roughness。Base Color 贴图可以根据自己的需要在网上下载，然后根据 Base Color 贴图来制作对应的 Normal 和 Roughness 贴图。

右图是我们提前准备好的木纹 Base Color 贴图，将该贴图导入 PS 中制作对应的 Normal 和 Roughness 贴图。

首先是 Roughness 贴图，也就是粗糙图贴图，用来区分材质不同区域的不同反光程度。该贴图是一张黑白贴图，贴图中颜色越黑则反光越强烈，颜色越白则反光越弱。在了解这一属性后，我们来分析提前准备好的木纹 Base Color 贴图，根据木纹贴图中的不同区域反光程度来制作 Roughness 贴图。

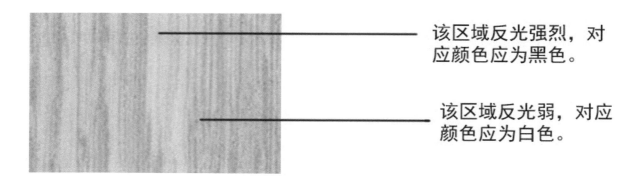

该区域反光强烈，对应颜色应为黑色。

该区域反光弱，对应颜色应为白色。

　　在分析反光程度后，我们在 PS 中对原有的贴图进行黑白处理，点击图像——调整——黑白。在完成黑白处理后，再根据贴图的粗糙度分析，在 PS 中通过色阶、亮度、对比度等属性来调节黑白对比程度。

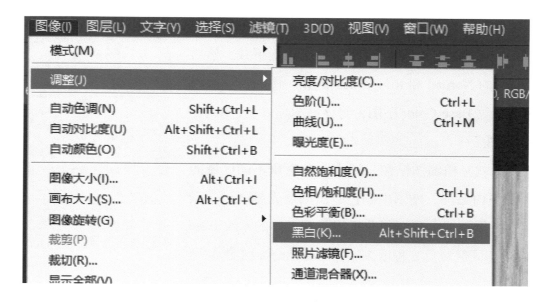

这是 PS 处理后得到的 Roughness 贴图，白色为不反光区域，黑色为反光区域。

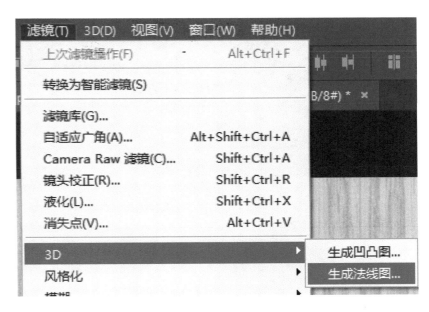

    下面制作 Normal 贴图，也就是法线贴图。在 Base Color 贴图的基础上，在 PS 中点击滤镜—3D—生成法线贴图。随后在预览视窗中，对生成的法线贴图进行调节，主要调节高度以及细节程度等，进一步达到预览效果后点击确定输出。

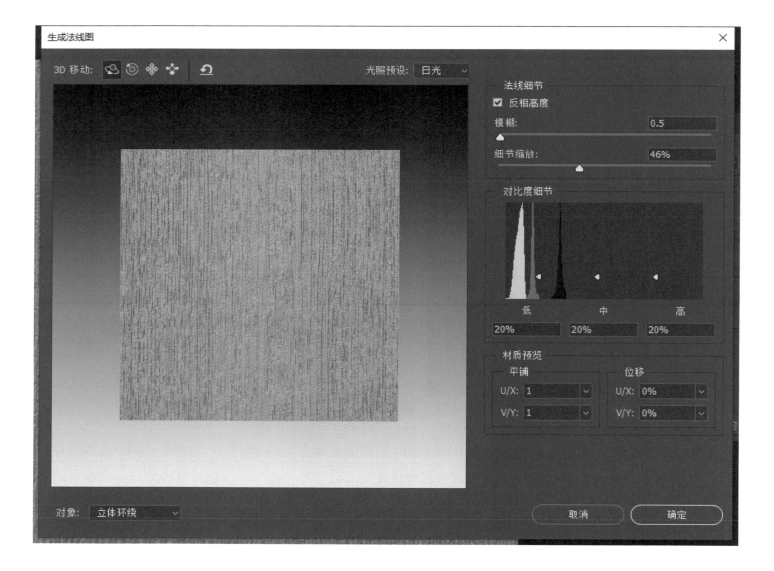

在预览窗口中可以看到生成的凹凸效果，如果与我们想要的凹凸相反，可以点击反向高度，对贴图的凹凸进行反转。同样的，还可以在贴图属性调节中调节法线贴图的凹凸分布细节以及凹凸高低度，根据不同的木纹进行不同程度的调节。

上图是最终得到的 Normal 贴图。将这三张贴图导入 UE4 的项目中，并将三张贴图拖入我们要制作的材质球编辑器中，将对应的贴图连接到对应的属性通道，就可以看到这三张贴图的一个基础效果。

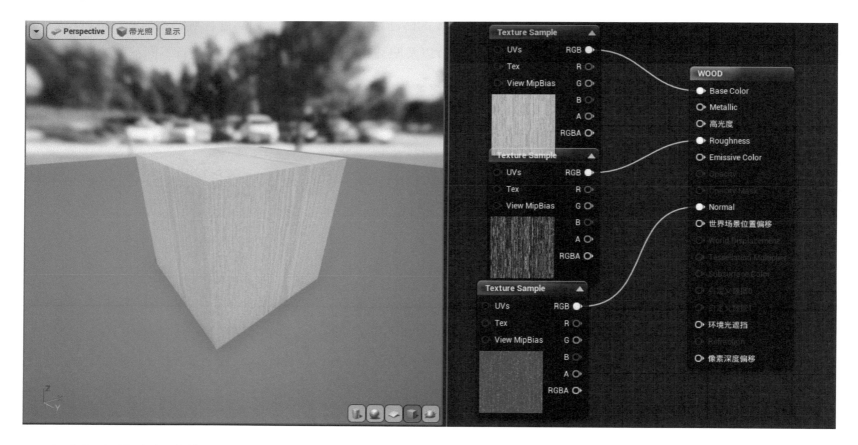

　　为了达到更好的视觉效果以及更方便的调节方式，我们会用数学节点对材质属性进行丰富，并将材质实例化以方便后期的修改。在调整之前，需要了解几个会用到的节点的属性。

　　Texture Coordinate（纹理坐标）：以双通道矢量值形式输出 UV 纹理坐标，从而允许材质使用不同的 UV 通道、指定平铺以及以其他方式对网格的 UV 执行操作。可以在左下角材质细节中

的 UTiling 和 VTiling 中对贴图进行缩放调整。

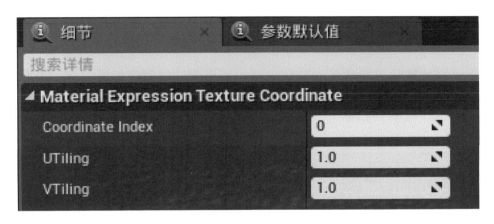

Append Vector（追加矢量）：允许将通道组合在一起，以创建通道数比原始矢量更多的矢量。例如，可以使用两个常量值并进行追加，以建立双通道 Constant 2 Vector（常量 2 矢量）值。这有助于将单个纹理中的通道重新排序，或者将多个灰阶纹理组合成一个 RGB 彩色纹理。

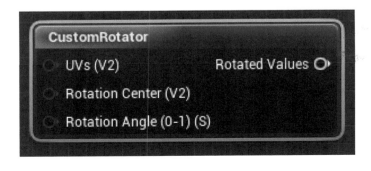

Custom Rotator（自定义旋转）：该节点用来旋转 UV 的分布，在 UVs 节点处输入 UV，在 Angle 处输入常量 1 调整 UV 旋转的角度。

了解了这三个节点后，开始制作木制类母材质。为什么要制作母材质？因为在母材质中，会将常量参数化，随后制作母材质的材质实例。在材质实例中，不用麻烦地进入材质编辑器中一个一个地修改常量值来达到我们的视觉要求，只需在材质实例中拖动数值轴即可调整材质的缩放、旋转、颜色等一系列参数化后的属性，十分方便。

下面以 UV 缩放为例，将其缩放数值进行常量参数化，进一步讲解如何创建材质实例，以及如何对材质实例中的常量参数进行调节控制。

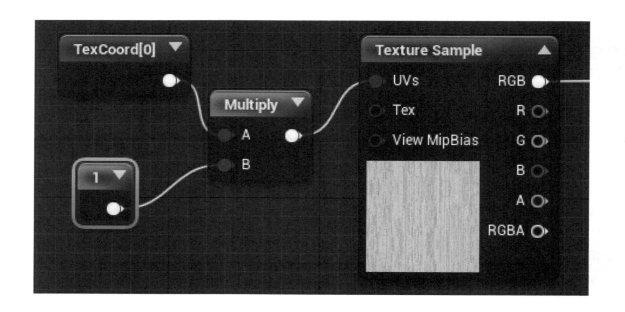

使用 Texture Coordinate、乘法节点、常量 1（默认值为 1）三个节点对 Base Color 贴图进行缩放控制。将常量 1 参数化，并将该参数重命名为"UV 大小"，保存。

在内容浏览器中，选中保存好的材质球，右键创建材质实例。双击打开创建的材质实例，可以看到右上角出现了参数化的常量 1，勾选打开后，可以直接在此处缩放 UV 的大小，并实施预览效果。这就是 UE4 中材质实例化的便捷性，后文还会对颜色饱和度进行参数化。

当需要为不同的物体指定同一种材质时，因为其 UV 大小或者颜色等不同，只需要将母材质创建多个材质实例，在不同的材质实例中调节常量参数即可，这省去了大量的制作材质的时间，并可以实时预览其效果。

UV 的缩放也可以从 U、V 两个方向分别缩放，使用 Append 节点，并将常量 2 参数化，使用 R、G 两个通道来分别控制 U、V 即可。

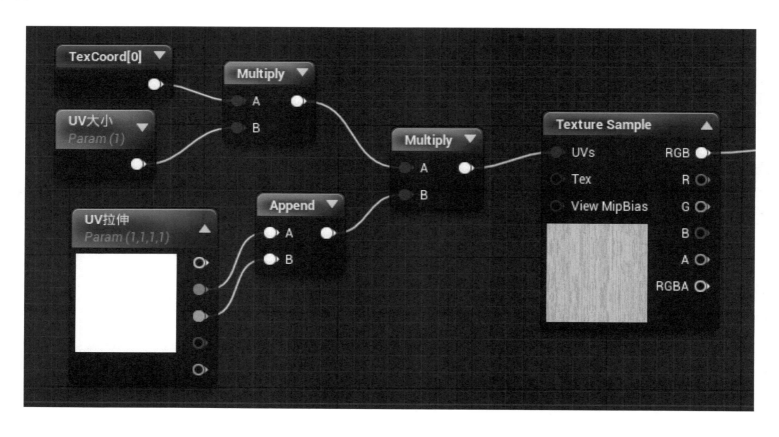

下一步，我们来控制 UV 的旋转。当物体贴图需要旋转时，可使用 Custom Rotator 节点，逻辑连接方式如下图所示，使用常量 1（默认值为 0.25）来控制 UV 的旋转。

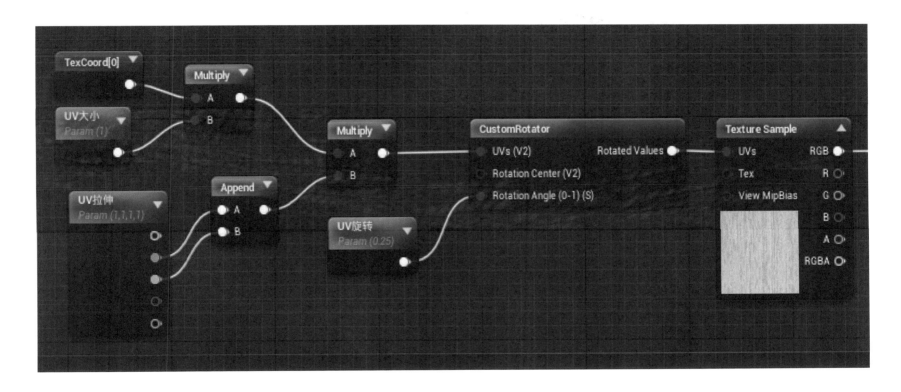

在设置完以上参数后，打开材质实例可以看到对应的通道，需要调整 UV 时，可直接在材质实例中进行。

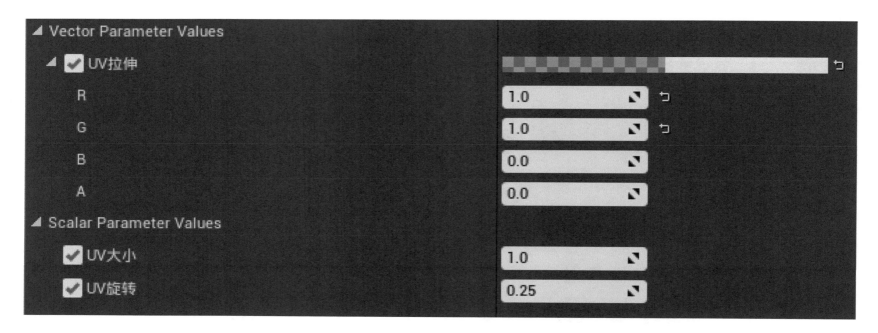

除了 UV 的参数化调整外，还可以使用参数来控制亮度、色相以及饱和度。使用常量 1（默认值为 1）参数化来控制亮度，常量 3 参数化来控制色相，通过 Desaturation 和常量 1（默认值为 0）参数化来控制饱和度，逻辑流程如下图所示。

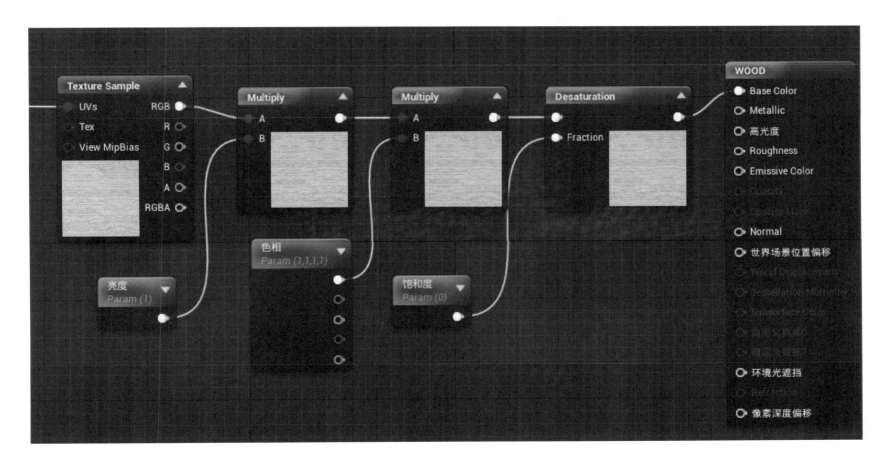

通过材质实例可以看到参数处有更多的可调节参数。

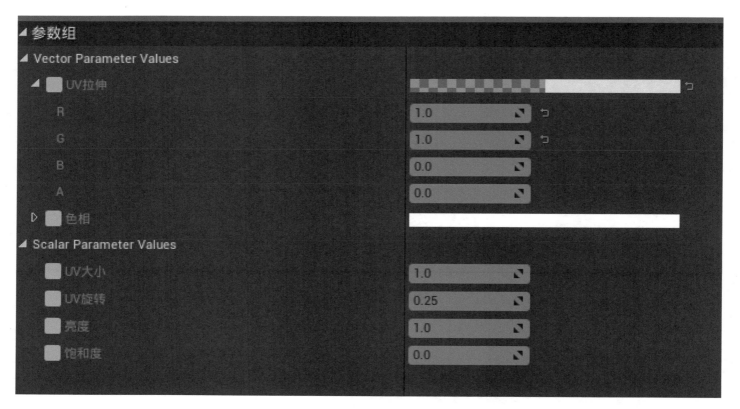

在材质的 Base Color 通道上，还可以为材质在基础颜色属性上增加脏污等效果。材质脏污效果需要依靠纹理叠加来实现，首先需要用到一张脏污贴图，可以从新手内容包里选择，也可以从网上下载（只要贴图颜色偏灰，有脏污或者划痕效果即可）。

导入该贴图，通过 Texture Coordinate、乘法、Lerp 混合节点来实现最终效果。再将脏污纹理密度

参数化，后期通过材质实例继续调节。下图是材质逻辑。

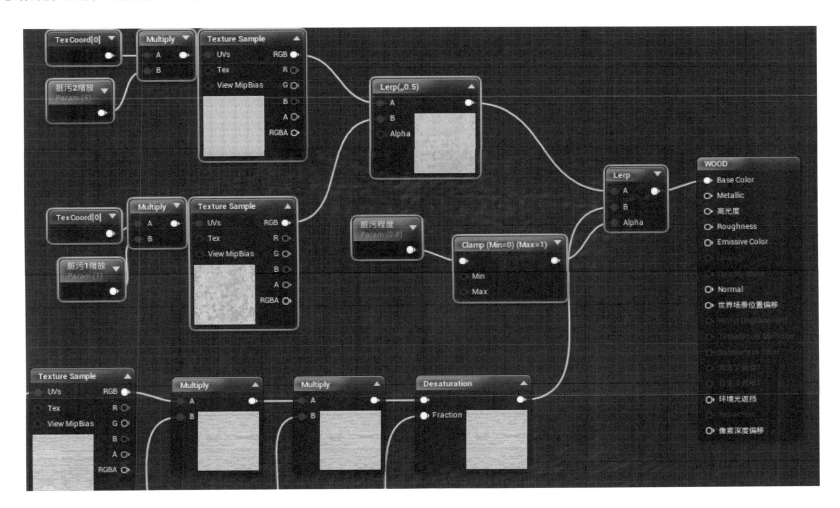

在该材质逻辑中，使用了两层纹理叠加，通过赋予不同的 UV 缩放值（将调节的参数常量 1 设为 1 和 5）来增加材质的细腻程度。同时，在最后的 Lerp 输出节点中的 Alpha 值中添加了 Clamp 节点来限制 Alpha 的值，将脏污深度叠加区域控制在 0~1 的合理区间。最后将脏污纹理叠加效果通过与之前颜色贴图的设置混合输出最终值。最后我们可以通过材质实例看到颜色贴图的效果以及可调节参数。

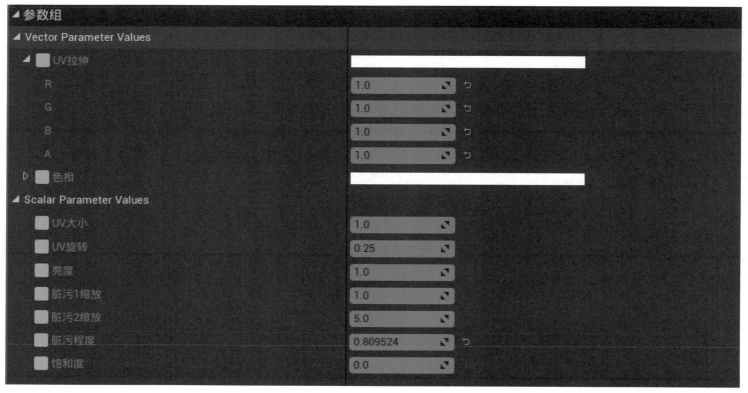

　　在材质节点逐渐变多时，为了方便节点的查找和修改，还可以为材质添加标注，框选住需要标注的节点，右键—从选项中创建注释（需要标注的节点可以放到一起进行标注），也可按键盘 C 键进行标注。

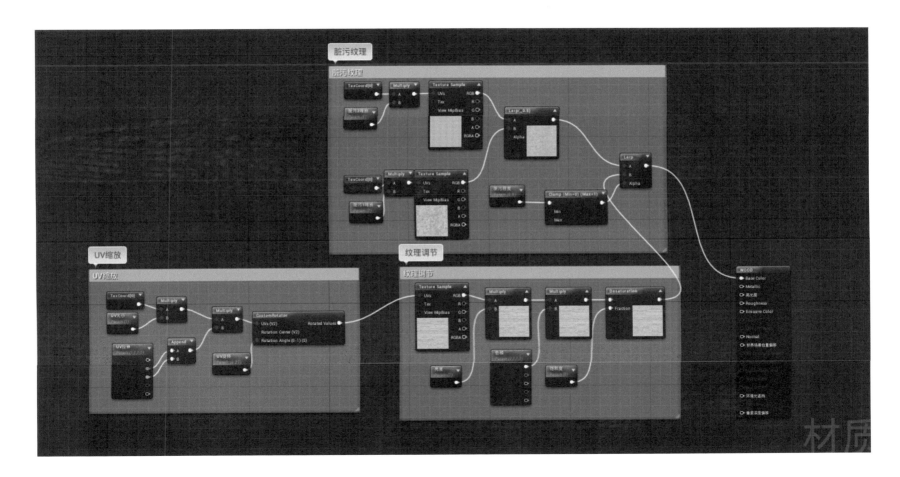

在制作好材质的 Base Color 通道后，继续制作其他通道。

在 Material 属性上，因为木制类材质不涉及金属度，所以该属性不用刻意设置。

在高光通道上，通过贴图进行调整。高光贴图也是黑白通道贴图，可以使用之前做好的粗糙度贴图来设置。首先将高光贴图连接到之前设置的 UV 调整通道上，这样，所有贴图的调整会同步进行缩放、旋转等。

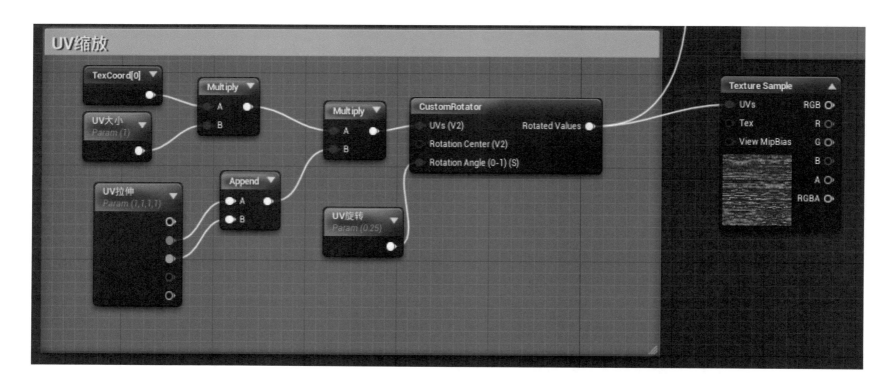

在高光贴图中，颜色越白则高光强度越强，所以需要使用 Lerp 节点为贴图设置一个高光调节区域。还需要为高光设置一个整体控制，逻辑如下图所示。这里要注意一点，Lerp 的 Alpha 是单通道输入值，所以要选择贴图中的单通道来进行输入，否则会出现报错。同时，使用 Clamp 节点为黑白区域设置一个 0~1 的区间值，以避免曝光过强或者过暗。完成后，可以通过材质实例来调节高光效果。对于这种光滑的木制材质，建议暗度设置为 0.5，亮度设置为 1，效果相对不错。

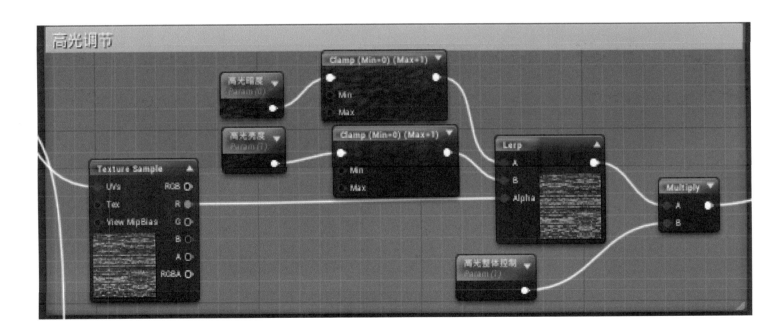

　　下图是粗糙度贴图的设置，因为粗糙度贴图也是黑白贴图，我们可以复制高光贴图的参数，修改对应名称即可。同时，粗糙度贴图也要连接到 UV 调整的通道上。在粗糙度属性中，颜色越白则粗糙强度越强，可以根据材质要求来设置对应的粗糙区间。

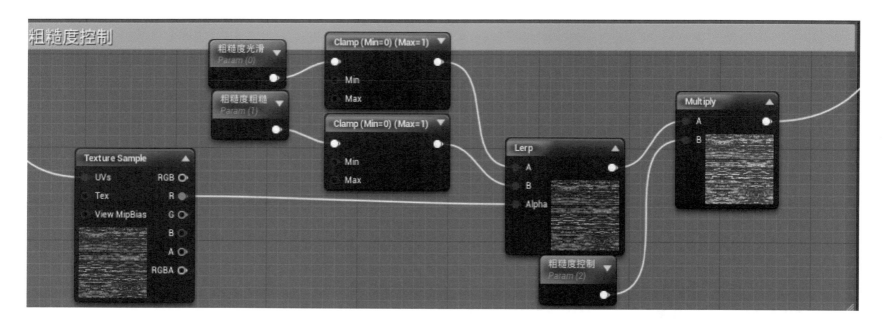

　　在制作粗糙度通道时，也可以为脏污纹理制作粗糙属性。脏污贴图具有 4 个值，需要使用 Mask 节点来屏蔽其他值，只输出单一数值。

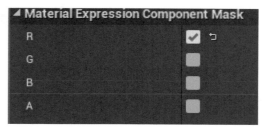

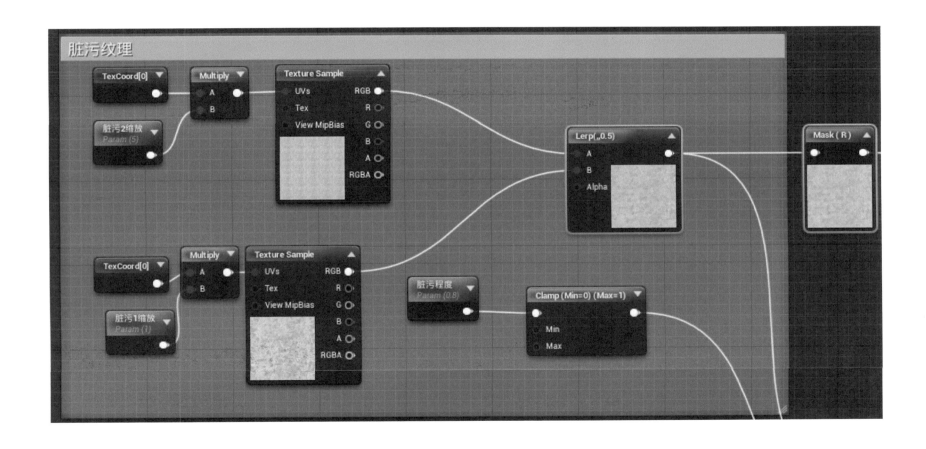

因为脏污一般是不反光的，所以要使用1-x对其原有黑白进行反转，让脏污部分变成白色，这样在粗糙显示上就不会反光。同样的，也要为其制作一个可调节粗糙区间。最后，同木纹粗糙度进行混和，并设置参数来调节混合值。逻辑如下图所示。

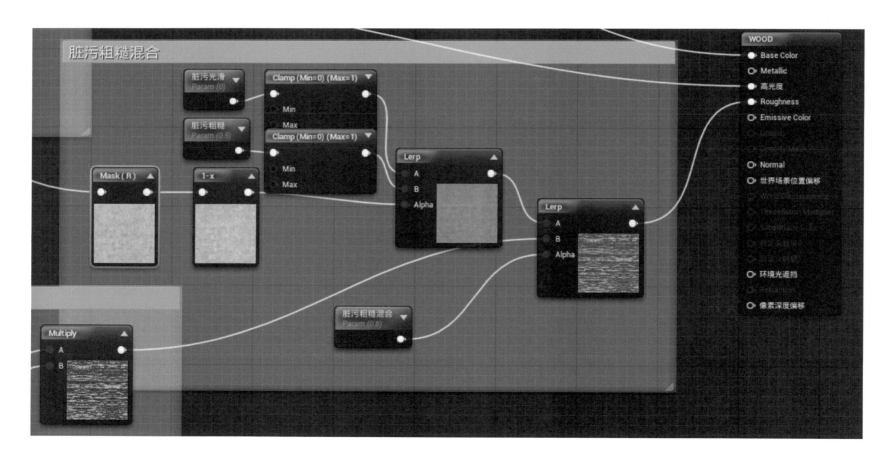

粗糙度属性之后是自发光属性，因为制作木纹不需要发光，所以跳过该节点，直接来到法线贴图的调节。

法线贴图首先要连接 UV 调整通道，来对贴图进行统一管理。接着对法线深度进行调节，通过对 UE4 自带 Flatten Normal 节点参数化控制来调节法线深度，其数值越小，凹凸越深；数值越大，凹凸越浅。逻辑如下图所示。

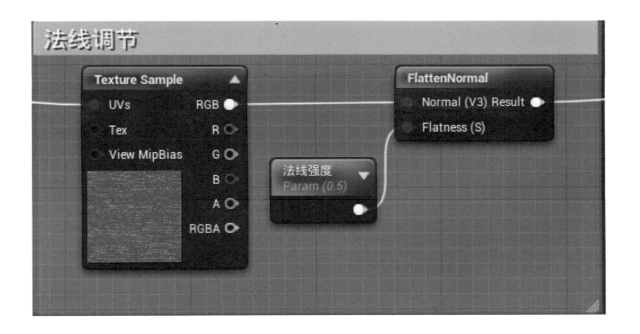

如果想在法线贴图上叠加其他法线贴图，如脏污破损的法线贴图，这时，乘法节点和混合节点是不能使用的，需要用到 UE4 专门为法线混合提供的节点 Blend Angle Corrected Normals 来混合法线贴图。

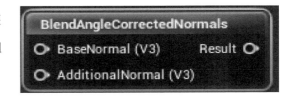

木制类材质常有喷涂光油等覆盖表面，在 UE4 中也可以实现喷漆这种效果。首先在材质模式的 Shading Model 中选择 Clear Coat，打开材质属性中的 Clear Coat 通道。

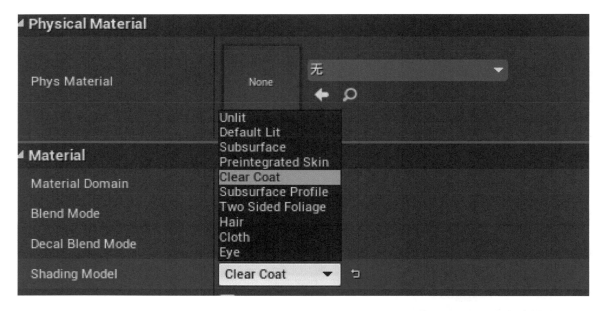

在 Clear Coat 节点中控制漆面打开，该节点用常量 1 参数控制，0 为关闭漆面，1 为完全打开漆面。在 Clear Coat Roughness 节点中控制漆面粗糙度，该节点用常量 1 参数控制，0 为光滑，1 为粗糙。

完成所有节点设置后，打开材质实例，会发现所有的参

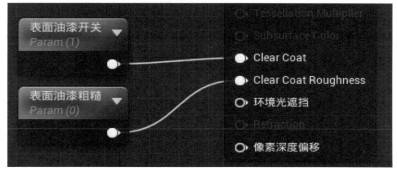

数都集中在一个分组中，容易混淆我们要调节的参数。这里可以对可调节参数进行分组。选中要分组的参数，在左下角 Material Expression 的 Group 中直接重命名，就会出现新的分组，可以将同一组材质放到同一名称下，方便后期在材质实例中调节。

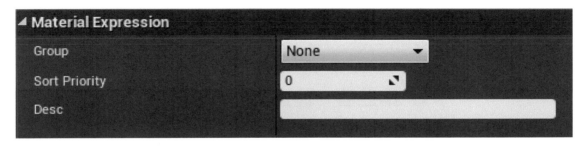

至此，木制类材质就制作完成了，通过预览窗口查看材质细节，可以发现，经过一系列贴图、参数调节后，材质细节得到了明显的提升。以此方法，根据材质实例来调节各个参数，可以生成不同效果的木制材质。

UE4 的材质制作，还需活学活用。对于不同但相似的材质，可以使用相同的节点不同的参数来对其进行调节。在材质制作中，最重要的还是对节点的理解。

● 第三节　玻璃类材质制作

本节讲解玻璃类材质制作。经过上一节很多基础节点的运用，我们已经对材质实例以及参数化调节有了基本认知。在本节玻璃类材质制作中，还会重复用到上节材质的节点，也会运用一些新的材质节点，以便对一些常用节点进行加强训练。

选择玻璃类材质模式，在 Blend Mode 处选择 Translucent 模式，打开材质属性中的透明度等通道。

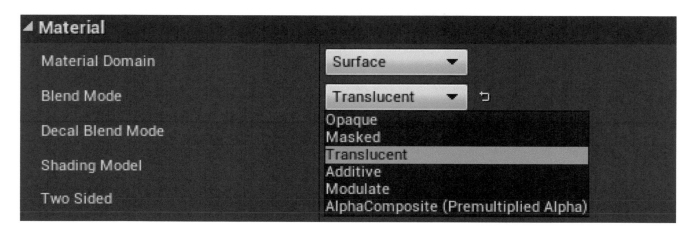

在 Translucency 的 Lighting Mode 中选择 Surface Translucency Volume 模式（该模式制作玻璃材质质量相对较高），同时勾选 Screen Space Reflections 打开反射。

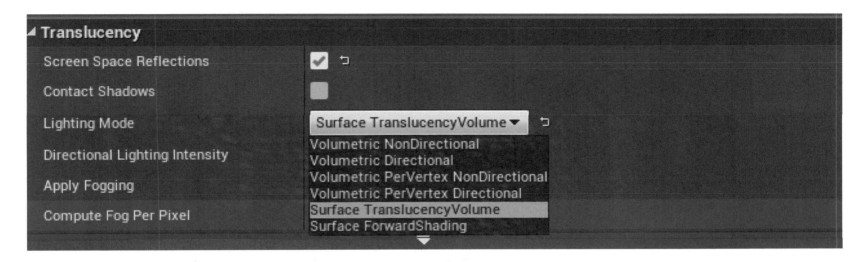

完成上述步骤后，我们来学习一个制作玻璃类材质时要使用的新节点。

Fresnel Function：该节点用来表现玻璃类材质中常见的菲涅尔效果，在使用该节点时，用常量 1 通过 Power 节点来控制菲涅尔强度。

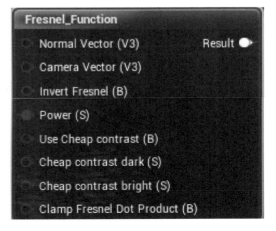

下面正式开始玻璃类材质的制作。

基础颜色节点，使用常量1（默认值为1）、常量3（控制玻璃边缘与中心颜色，一般选用浅蓝色作为内颜色，深蓝色作为外颜色）、Lerp 节点以及 Fresnel Function 节点来制作（在将常量参数化后，可统一将三个常量进行分组，避免后期要寻找常量来分组）。颜色节点逻辑如下图所示。

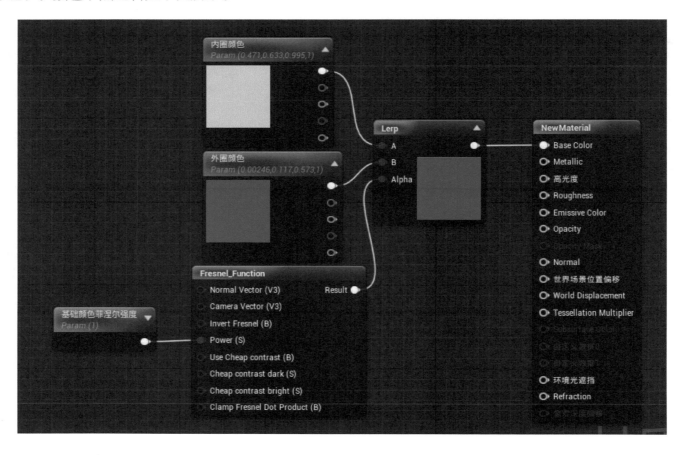

使用常量 1 来调节金属度（默认值为 0.9）、高光度（默认值为 0）、粗糙度（默认值为 0）即可。

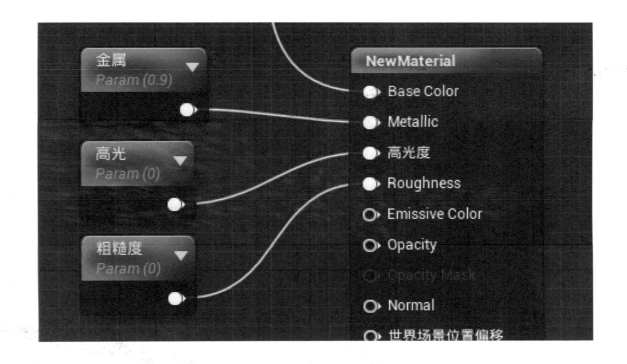

在透明度节点上，可以使用常量 1、Lerp 节点以及 Fresnel Function 节点来制作。用两个常量（默认值为 0.1 和 0.5）来调节玻璃边缘以及玻璃内部的透明程度，逻辑如下图所示（常量可提前分组）。

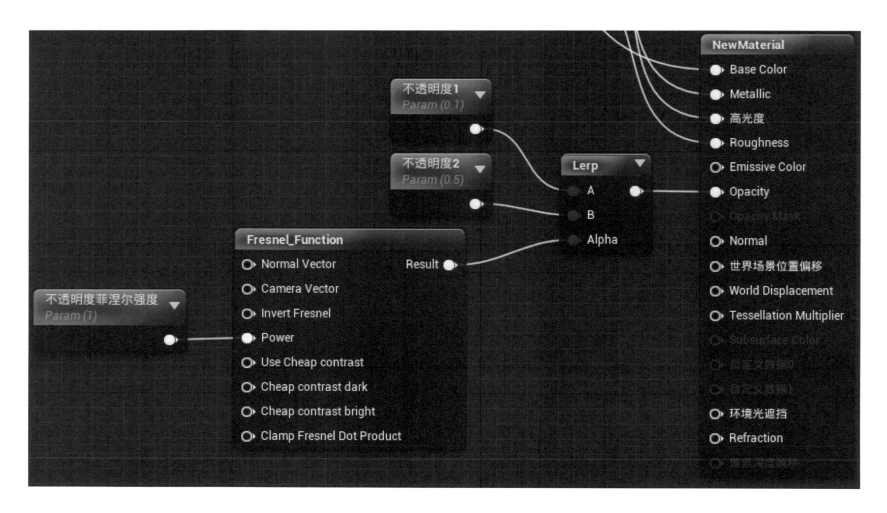

该节点也可以应用于反射节点，用两个常量（默认值为 1.3 和 1）来调节玻璃边缘以及玻璃内部的折射程度（常量可提前分组）。

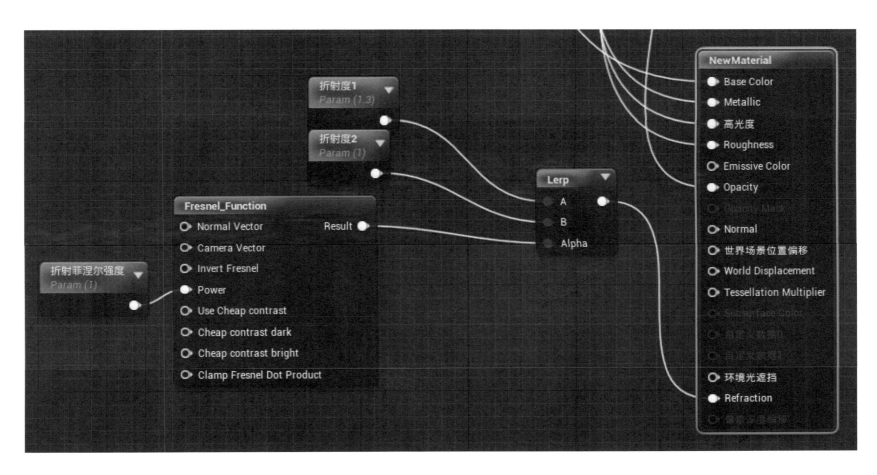

完成上述几个节点的制作后，可以生成对应的材质实例来调节玻璃边缘与玻璃内的颜色、透明度以及折射程度等。

在日常生活中，有些玻璃对周围影像的反射比较强烈，在 UE4 中，这种效果可以通过制作立方体环境贴图来增强。

首先在资源面板选择 Materials & Textures 下立方体渲染目标。

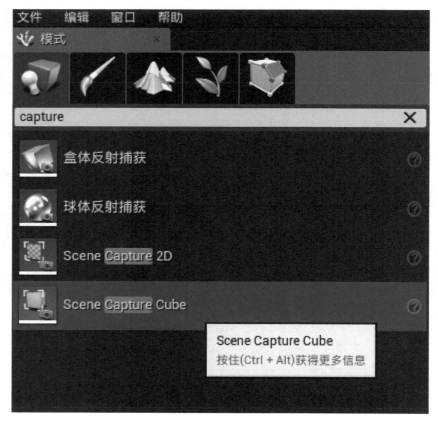

随后在模式中搜索 Capture Cube，将其拖入场景中，对准要反射的玻璃区域。

完成后将立方体渲染目标拖入 Capture Cube 属性 Texture Target 中。

最后打开材质编辑器，将立方体渲染目标拖入其中，并将它与之前的 Base Color 做一个加法叠加。逻辑如下图所示（在立方体贴图的 UV 输入处要加入 Reflection Vector 节点，不然会报错）。

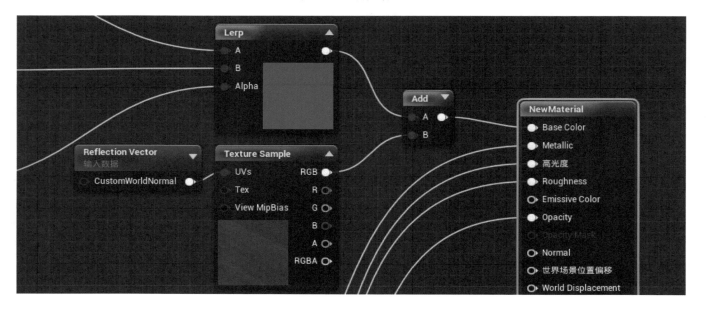

以上就是基础玻璃类材质的制作，可根据不同需求为玻璃更改颜色、透明度以及增加法线等来达到实际操作中的具体要求。

▶ 第四节　金属类材质制作

本节制作金属类材质。

制作一个最简单的镜面金属材质，只需要设置一个基础颜色，设置常量 1 来调节金属度、粗糙度即可。

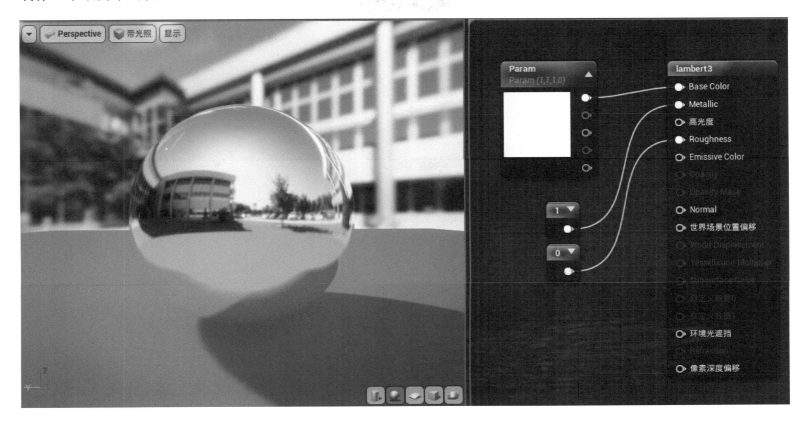

在 UE4 中, 如果想使用镜面金属材质制作镜子, 得到的反射往往效果不佳。

制作镜子时可以使用放置中的 Planar Reflection，将其拖入场景，通过调整位置大小将其移动到反射材质的物体上以及要反射的物体中间即可。

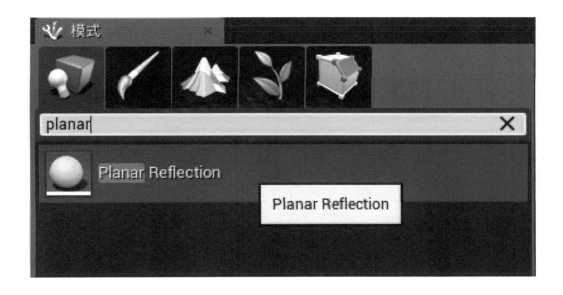

在其中选中Actor： Minimal_Default (永久性)

关卡: Minimal Default (永久性)

在使用该功能时，需要打开项目设置中的 Lighting —Support Global Clip Plane for Planar Reflections，并重启项目。

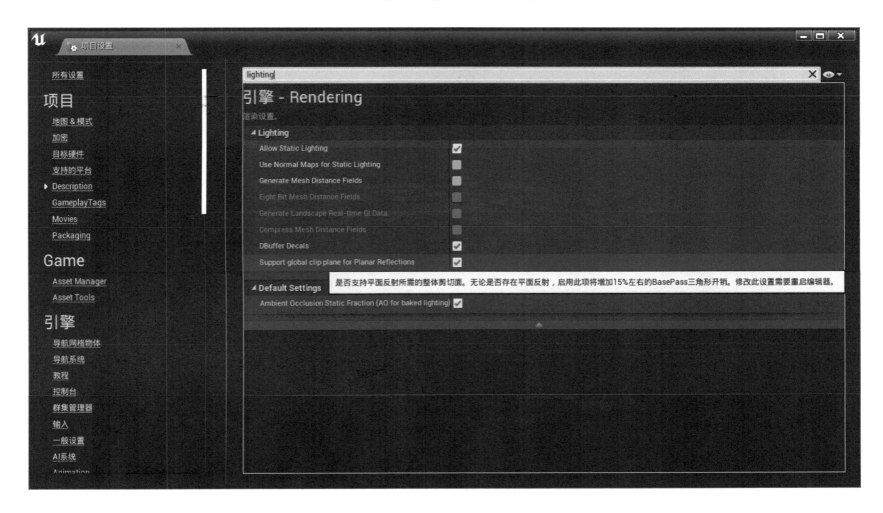

也可以在属性中调节镜面的分辨率及粗糙度等。完成后可以看到非常完整的镜面反射（该功能非常消耗资源，建议放置不超过 3 个）。

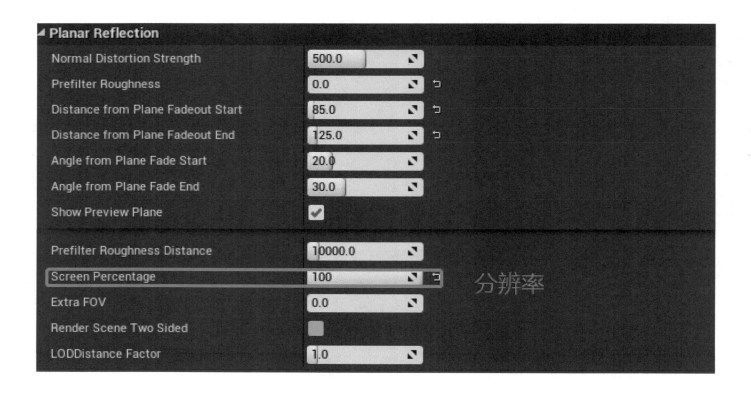

在镜面金属的基础上，我们来学习如何制作拉丝金属（具有质感的金属材质）。

首先准备两张贴图，一张粗糙度贴图，一张法线贴图。

 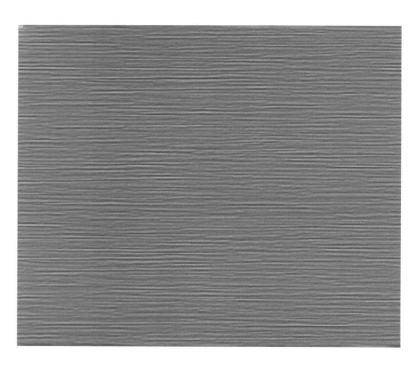

在金属颜色与金属度上，依然选用常量来控制。在粗糙度上，先对原有的贴图进行 Power 加强对比度，然后用 Lerp 及 Multiple 制作一个参数控制粗糙程度，具体逻辑如下图所示。

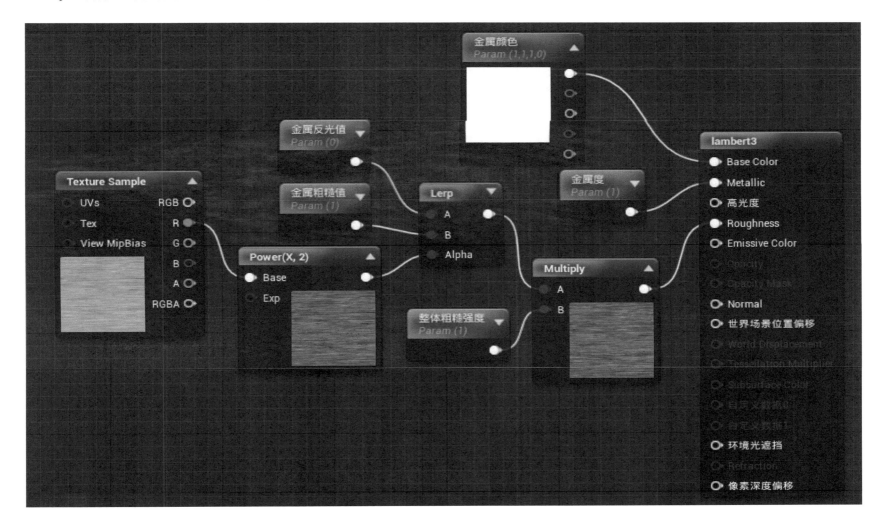

在法线调节上，使用 Flatten Normal 结合常量 1 来对法线的凹凸程度进行控制，逻辑如下图所示。

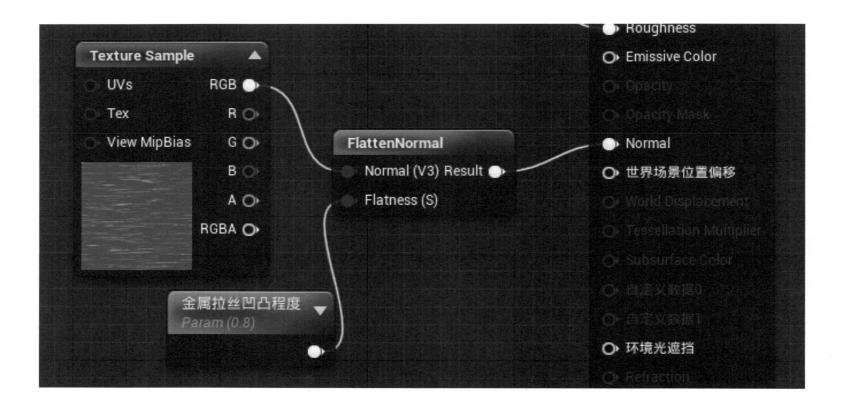

在 UV 调整上，可以将之前制作的木纹 UV 缩放节点进行材质函数封装。在资源面板右键新建 Material Function。

打开编辑器，将之前木纹 UV 缩放节点复制粘贴到材质函数编辑器中。

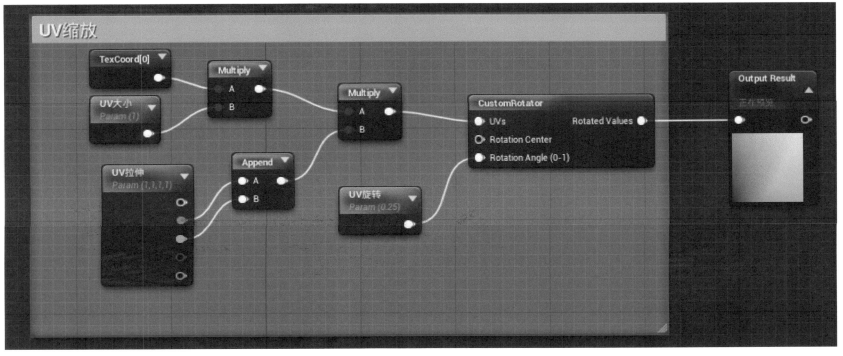

完成后，可以将封装好的材质函数拖入金属材质编辑器中，对所要缩放的 UV 进行连接。随后创建材质实例，对其进行整体控制。

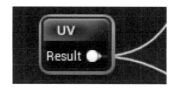

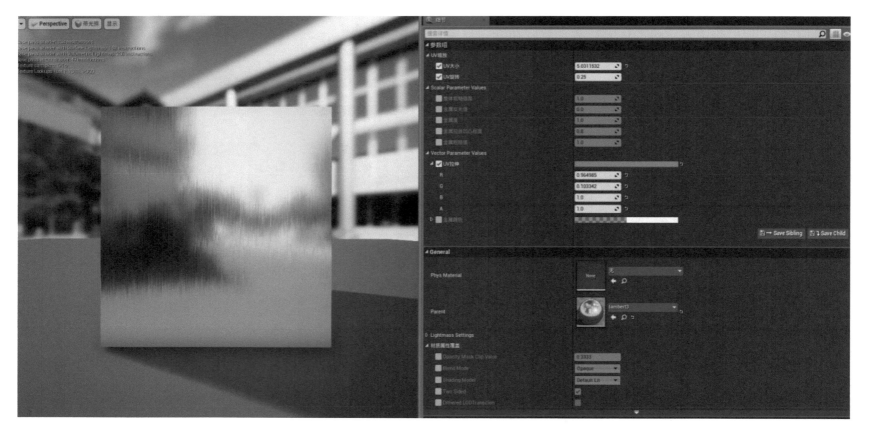

在制作金属材质时，可以通过混合更多的层次来达到更优化的效果。在叠加材质时，首先需要在材质模式中勾选 Use Material Attributes。

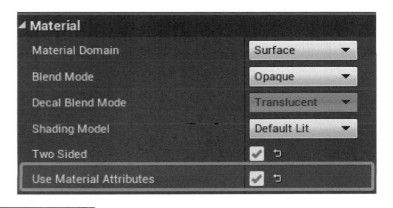

从材质选项中引出 Make Material Attributes，将之前对应的节点进行再次连接。

先来混合一个粗糙度，使用到的是 Matlayer Blend Modulate Roughness 节点。选用一张黑白粗糙度贴图，来制作一个需要混合的粗糙节点，粗糙度贴图用 1-x 以及 Power 进行增强反转，逻辑如下图所示。

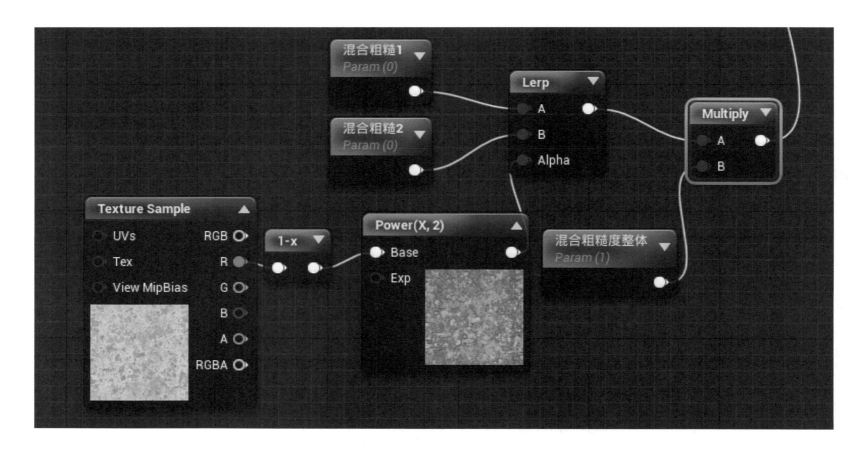

将两个整体节点通过 Matlayer Blend Modulate Roughness 节点相连接，这样就完成了材质的粗糙度混合。连接如下图所示。

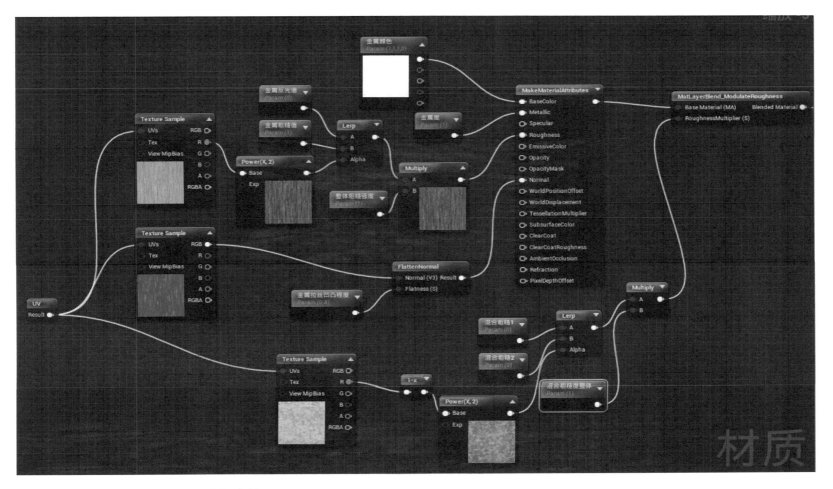

除了混合粗糙度，也可以混合法线。

新建一个 Make Material Attributes，选择一张需要混合的法线贴图，对其进行一个简单的参数控制，然后将上一个 Make Material Attributes 中的颜色、金属、粗糙度等连接到第二个 Make Material Attributes 上，将新建的法线参数连接到第二个 Make Material Attributes 的 Normal 上。

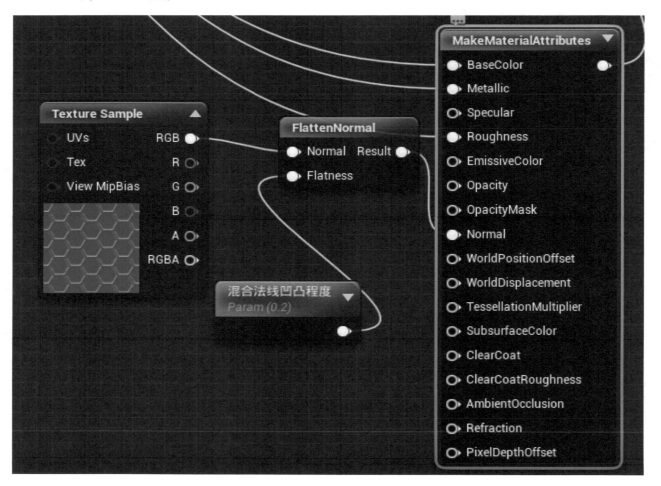

再将法线贴图也连接到 UV 控制上，并将粗糙度和法线混合通过 Matlayer Blend Stranded（该节点可以混和所有属性，包括高光、金属等，比较常用）进行连接，设置常量 1 来控制混和强度，最后输出到材质上。

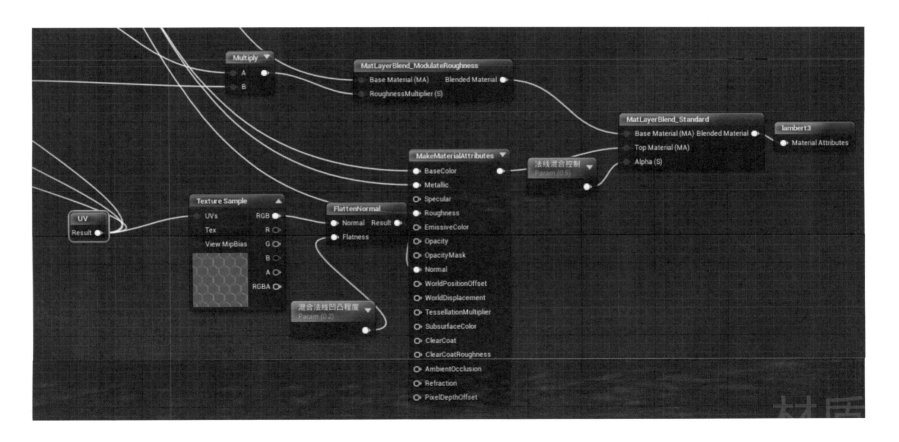

完成后，可以看整体材质逻辑以及查看最终的金属效果，并通过材质实例控制。如果想要更复杂的金属效果，可以多次进行混合，叠加更多的细节效果，以达到最终要求。

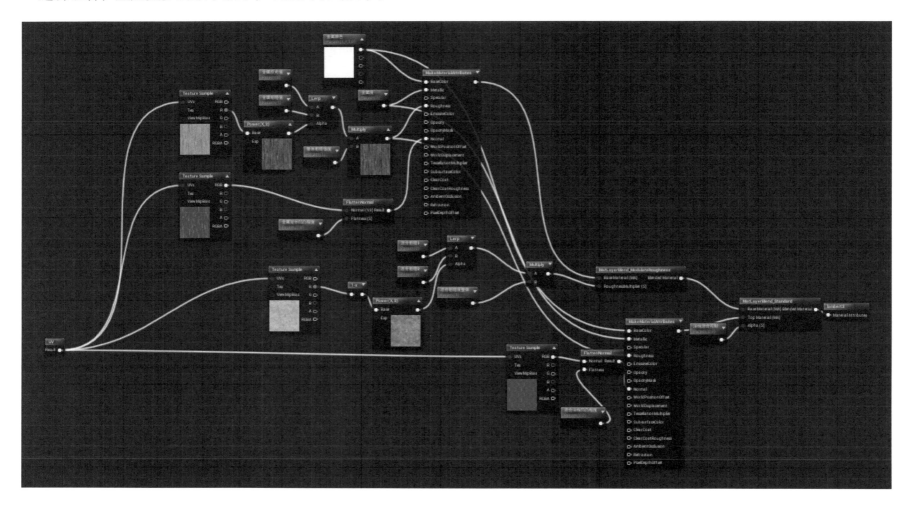

▶ 第五节　漆面类材质制作

本节学习制作漆面类材质。

漆面类材质制作比较简单，但其中的双层法线值得学习一下。

要打开双层法线，首先要在项目设置—引擎—Rendering—Materials—Clear Coat Enable Second Normal 进行勾选打开，随后重启项目。

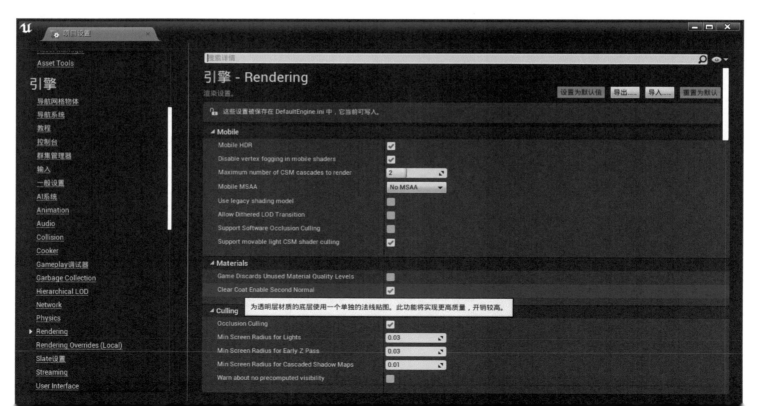

在重启项目后，我们来制作漆面的材质球。

在材质模式中，需要把 Shading Model 选为 Clear Coat，打开 Clear Coat 通道。

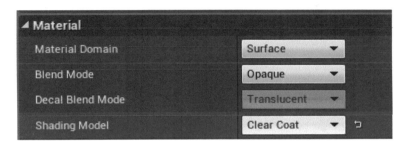

在基础颜色、金属、高光上用常量来进行参数控制，漆面材质具有一定金属反射效果，可以给一个 0.3 的默认值。

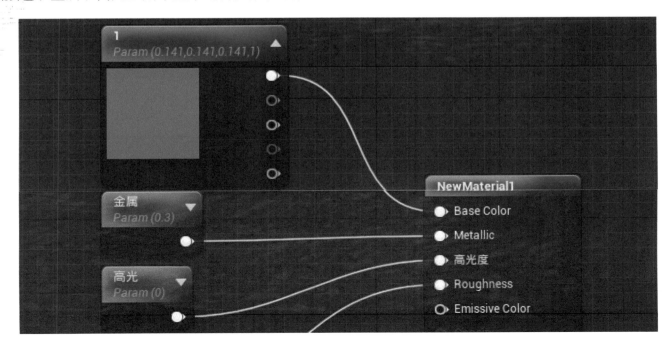

在粗糙度上，使用一张粗糙度贴图进行控制。

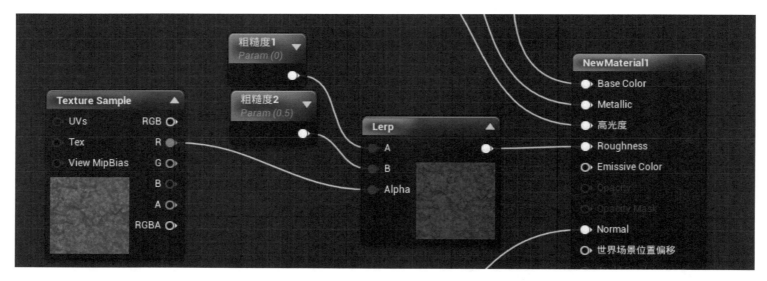

在第一层法线肌理上，使用一张法线贴图进行控制。

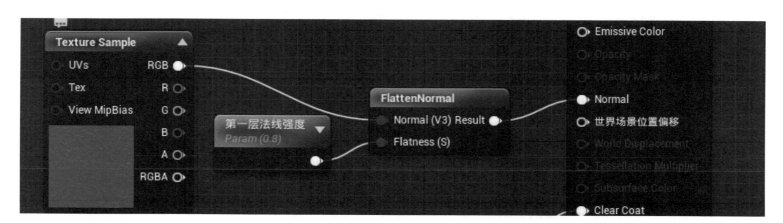

使用参数打开 Clear Coat 节点，并对其深度进行控制。

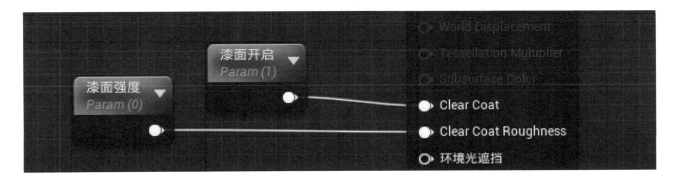

完成这一步后，会发现并没有材质属性节点来输入第二层法线，这是因为第二层法线并不需要输入材质属性中，只需要将第二张法线贴图连接到 Clear Coat Bottom Normal 上，并对其 UV 缩放设置一个参数控制即可。

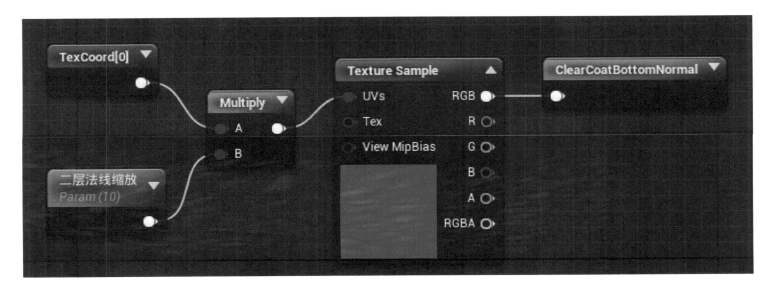

完成后，可以在材质预览窗口看到效果。可以**清楚地看到**，第二层法线是在漆面和第一层法线之下的，属于不同层次，其叠加并不是简单的法线贴图混合叠加，这也就是我们要学习的法线双层叠加。

至此，一个简单的漆面材质就制作完成了，我们还可以为其添加封装好的 UV 缩放，或叠加更复杂的粗糙度、法线混合等，具体做法可根据实际要求参考之前的木纹、金属类材质制作教学中的制作方法。

▶ 第六节　布料类材质制作

本节学习制作布料类材质。

布料类材质的使用在室内设计中十分常见，其制作主要也是使用 Fresnel 节点，这里选取室内常用的亚麻布料作为实例，进行布料类材质的制作。

准备亚麻材料的基础颜色贴图以及法线贴图。

先制作基础色、金属度和粗糙度。大家都知道，布料表面有毛绒感，这里使用菲涅尔节点配合 Lerp 节点来制作。在毛绒颜色选择上应选择与亚麻贴图对应的毛绒颜色，并对其亮度进行参数控制。在金属度上用常量 1（默认 0.3）控制；在粗糙度上，用基础颜色贴图的单通道输出黑白贴图，并对粗糙程度进行参数化控制。

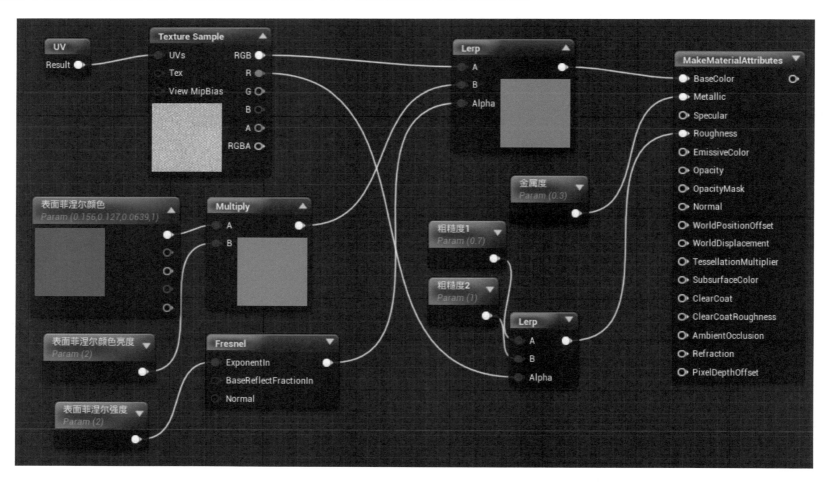

还需要为亚麻布料赋予法线控制。法线及基础颜色贴图都需要用之前封装的 UV 调整函数进行连接。

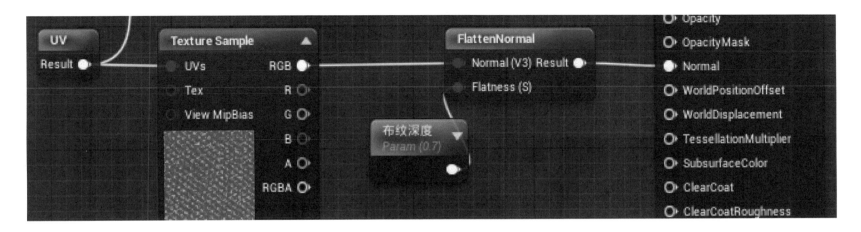

布料一般还会有起伏以及表面脏污，所以这里再为布料添加一个混和。勾选 Use Material Attributes 打开 Make Material Attributes，结合 Matlayer Blend Stranded 节点进行二次混合。这里使用一张新手包自带的黑白贴图进行混合操作（可根据不同要求选择不同的混合贴图）。

在第二个 Make Material Attributes 中，逻辑与第一个 Make Material Attributes 相同，使用菲涅尔节点配合 Lerp 节点来制作基础颜色，增加表面细节。同时使用基础颜色贴图的单通道输出黑白贴图，并对粗糙程度进行参数化控制，金属度连接材质 1 即可。在法线上也大同小异，值得注意的一点是，我们需要为混合材质制作单独的 UV 缩放，这样便于后期调整整体效果，使其不会与基础材质一起缩放。

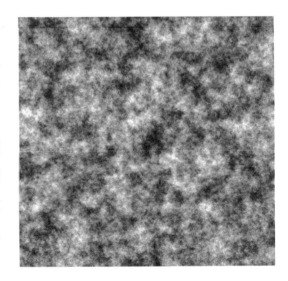

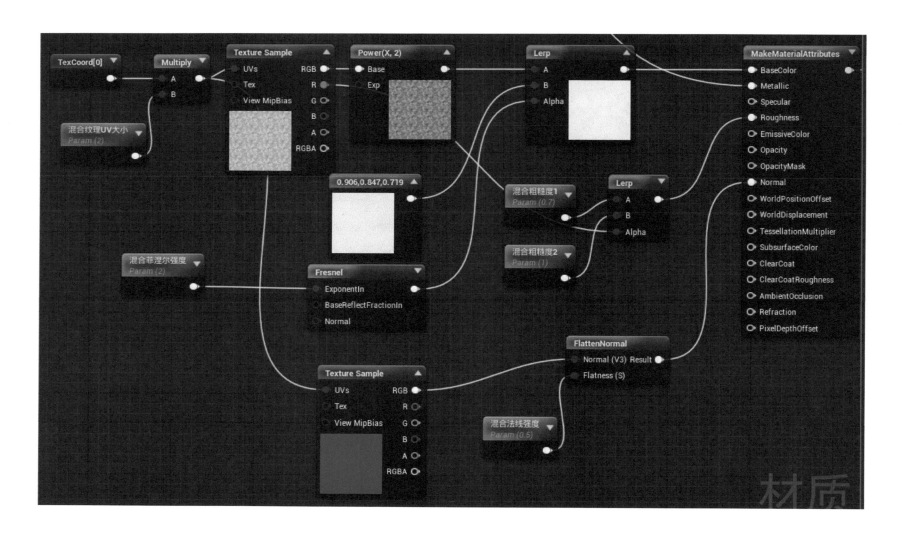

完成混合材质的连接后，可以将两个 Make Material Attributes 通过 Matlayer Blend Stranded 进行混合，同时使用常量 1 来控制混合强度。

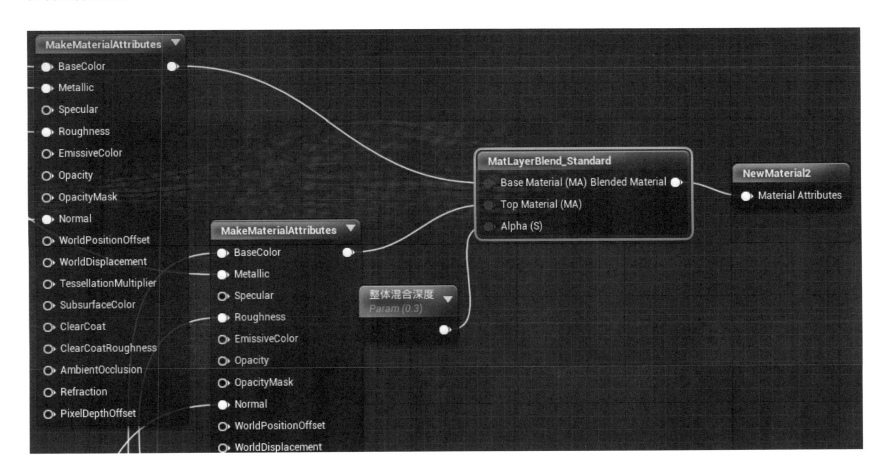

完成后，可以制作材质实例来调整亚麻布纹的最终效果（注意做好参数分组）。

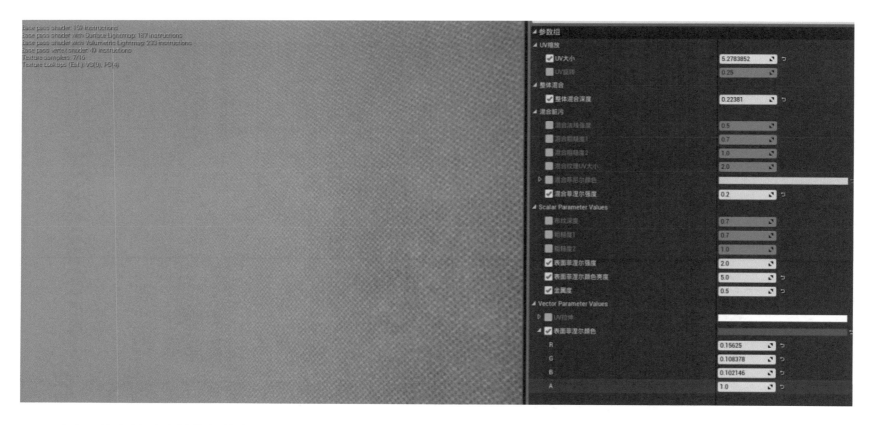

　　至此，静态材质的制作就结束了，还有大理石、塑料等材质的制作，其方法与之前讲到的方法大同小异，读者需要活学活用材质节点以及各种逻辑串联，最终完成自己想要的效果。

▶ 第七节 水纹类动态材质制作

本节学习动态材质的制作。日常生活中常见的动态材质有风、火、水等，在 UE4 中，可以通过动态材质节点来制作相应的动态材质球，使环境达到更加真实的效果。

本节制作被风吹动的水平面。

首先了解一下要使用的动态节点。

Panner：该节点可以使纹理按速度进行平移，可以在属性栏中调整 X、Y 方向的平移速度。

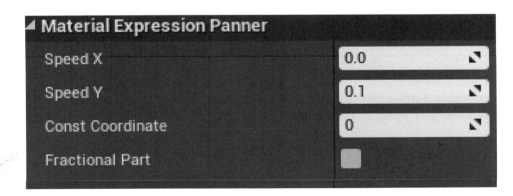

Time With Speed Variable：配合常量 1 来调整控制动态节点移动速度。

准备两张贴图，一张黑白贴图，一张法线贴图。

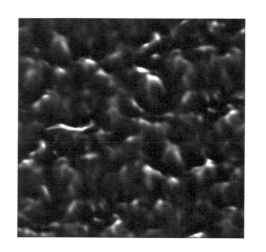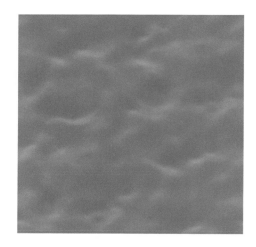

更换材质模式，打开透明等材质通道。选择 Translucent 的混合模式以及 Surface Translucency Volume 的灯光模式。

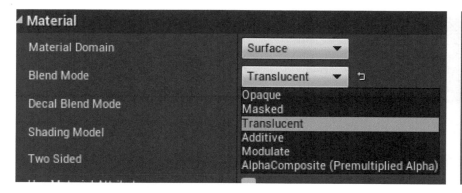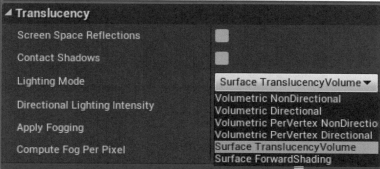

下面，开始制作水波纹贴图。

水波纹的叠加需要多层贴图的叠加。先制作第一层，为其速度和 UV 大小设置参数化控制，将 Panner 的 X 轴速度设置为 0.1。逻辑如下图所示。

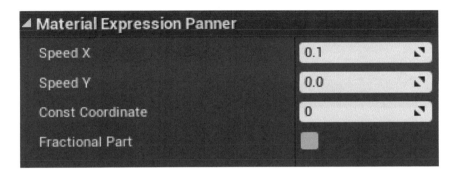

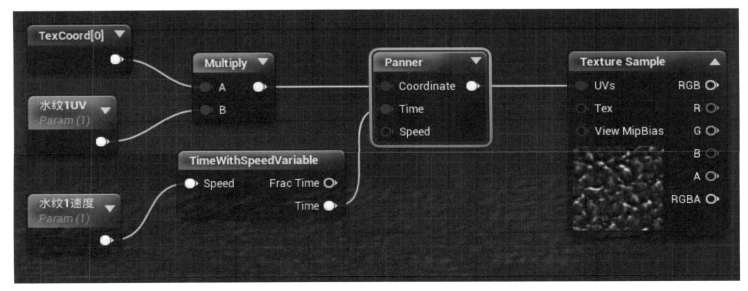

预览材质球，会得到一个在 X 轴方向移动的动态材质。但水波纹并不是单一方向移动，所以还要给它赋予一个 Y 轴方向的动态材质，将 Panner 的 Y 轴速度设置为 0.1，然后用乘法混合。逻辑如下图所示。

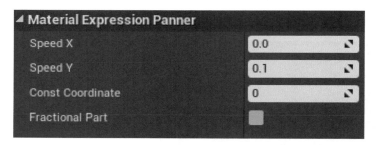

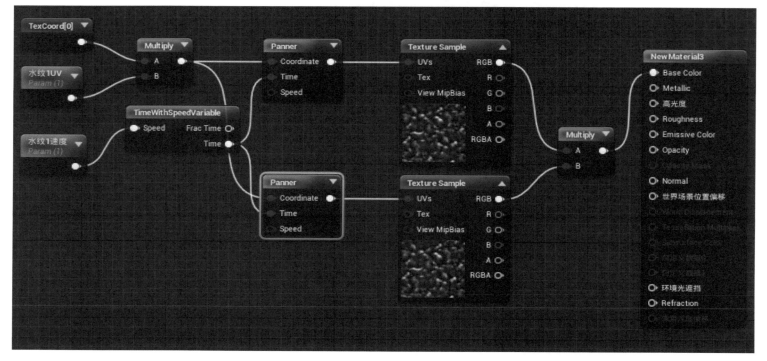

完成该步骤后，预览材质可以看到基本的水纹效果。水纹还有凹凸起伏，这里同样连接到法线贴图，并用法线混合专用的节点 Blend Angle Corrected Normals 来混合。逻辑如下图所示。

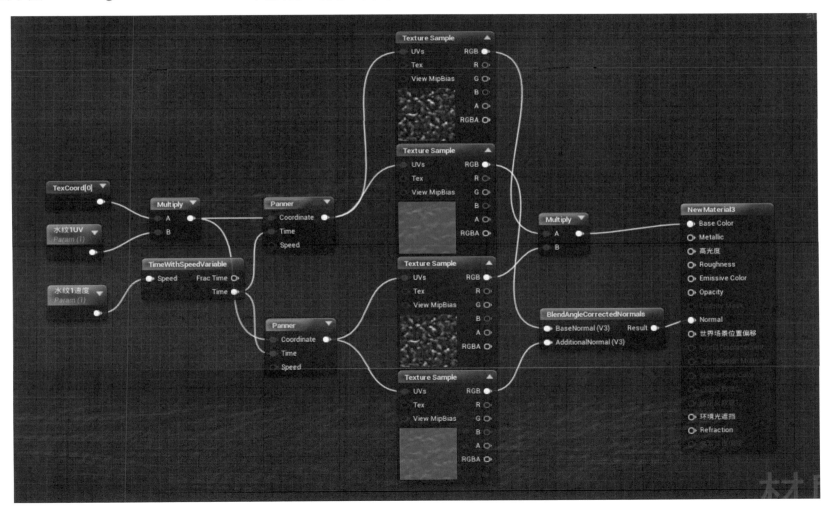

水波纹的层次比较丰富,这里复制上述节点,直接制作第二层水波纹节点,调节UV大小(更改为3)和移动速度(更改为3),再次用乘法和 Blend Angle Corrected Normals 混合来丰富水波纹的细节。逻辑如下图所示。

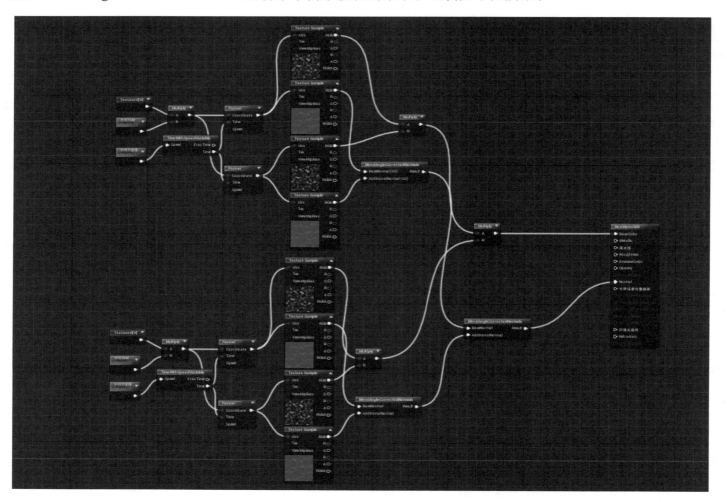

基础颜色通道制作完后进行金属度、粗糙度控制。水波纹在阳光照射下会有一定的金属质感，而金属属性通道是白色金属感强，所以只需将原有的动态颜色贴图进行混合并反转黑白，添加一个常量 1 来控制强度输出即可，逻辑如下图所示。

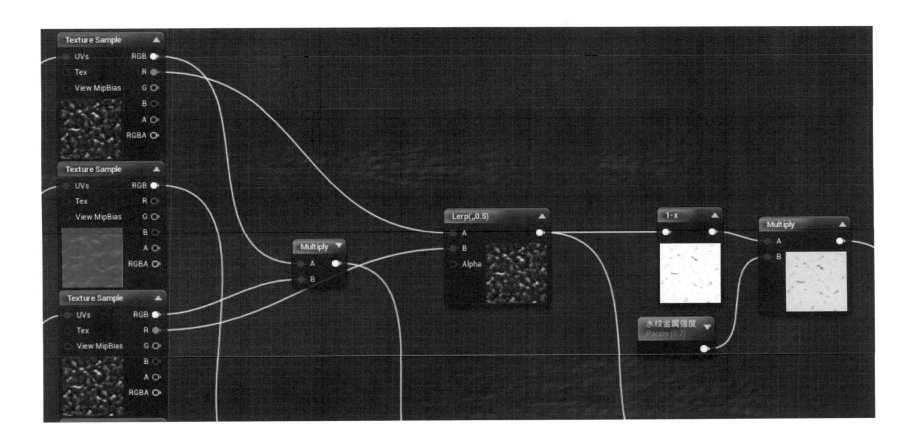

粗糙度不要进行反转，直接用 Lerp 控制强度输出即可，逻辑如下图所示。

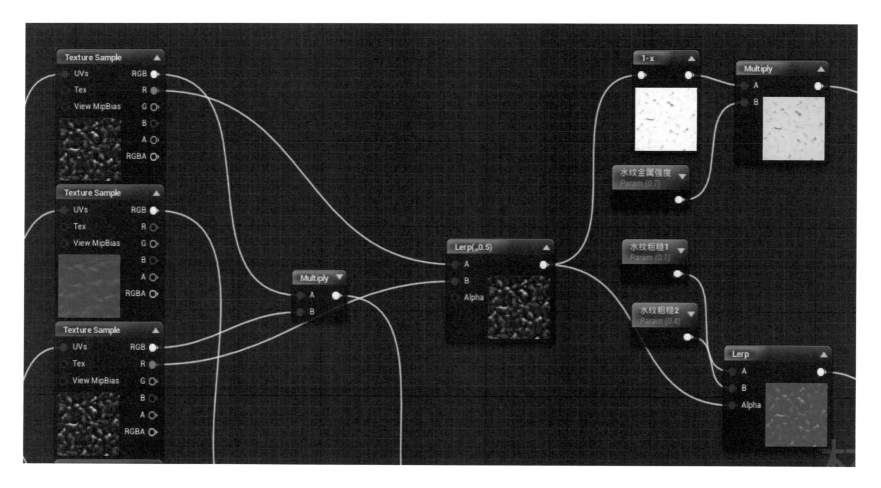

高光、透明度使用常量 1 控制。

最后，设置反射属性。用 Fresnel Function 制做水面折射。首先混合出折射的两种颜色，然后使用 Lerp 节点混和原有的动态水波纹，并用常量来控制强度。逻辑如下图所示。

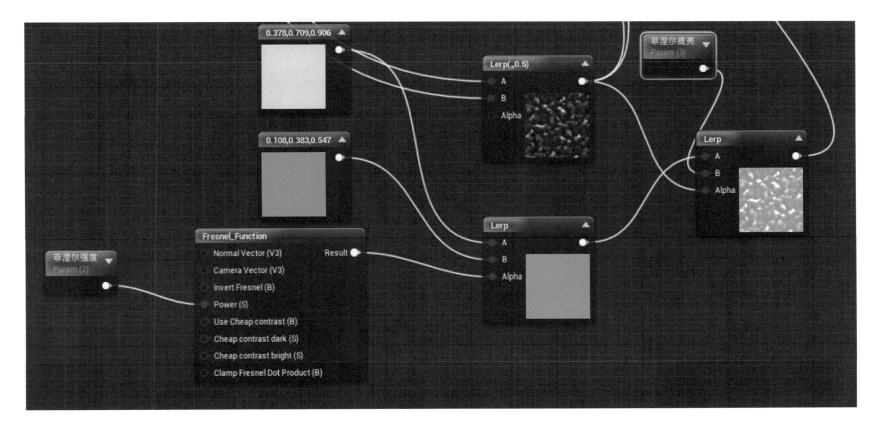

也可以将叠加的水波纹进行上述同样的操作，为其赋予金属、粗糙度以及菲涅尔效果等，方法同上。完成后，就可以创建材质实例并调整效果了。

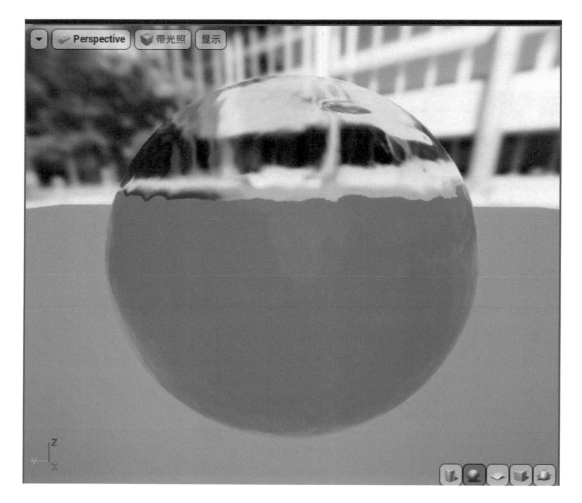

　　至此，材质制作的讲解就结束了。在实际操作时，应充分理解每个材质节点的使用，才能制作出更好的效果和更多可能性的材质。UE4 中其他动态、静态材质节点，都有其对应的注释以及官方文档说明，感兴趣的读者可自行查看了解。

第六章

PC 端开发

本章将制作一个小空间室内效果，通过实际操作学习室内空间的视频漫游、漫游程序打包输出等。

在制作案例之前，需要了解的是，本案例将结合外部项目素材辅助开发，不需要再对模型进行重复导入。后续如果要导入自己的素材，则需要按本书第二章所讲，注意检查模型的 UV、法线以及面数是否有错误。在 MAYA 中确认模型没问题后，将模型导出，再导入 UE4 中。注意：不要将所有模型一起导出后，再导入 UE4，而应拆分导出，例如可以将墙体、地面、家具、装饰等分开导出，然后分批导入 UE4，建议格式为 FBX。

本案例首先对所有素材进行了非常有序地整理，这也是非常重要的一个习惯。对于自己要做的项目，需要在 UE4 中新建项目文件夹，文件夹下需要按地图、模型、材质、贴图等进行简单分类，创建子文件夹，这样便于导入不同素材，后续对于不同素材的查找也相对便捷。文件整理好后，在 Map 文件夹下新建场景地图，选择空白场景即可，对其进行一个简单的重命名。

然后将分批导出的模型导入 Prop 文件夹下，在导入选择上，需要修改两点，一是去除碰撞，二是合并网格物体。碰撞会在后期单独制作，而合并网格物体是为了让导入的模型成为一个整体，不在引擎里打散。

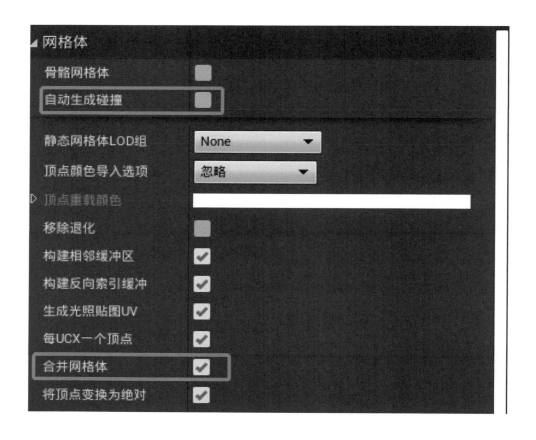

导入后，将模型拖拽到场景中，并将坐标修改为初始坐标。

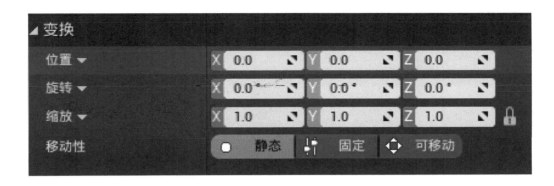

场景没有灯光，因此看不到物体，此时可以在左上角光照模式中选择无光照，这样就可以看到导入的模型了。

在 Texture 文件中导入制作材质球需要的贴图。在材质文件中制作需要使用的母材质及材质实例。上一章讲解了各种母材质的制作，我们可以先根据自己场景中所需要的材质以及想要的效果，制作对应的金属、木头、玻璃等母材质（也可将之前制作的母材质直接拖入该文件中），然后生成不同的材质实例对场景中的材质进行材质赋予（可将材质实例直接拖动到对应模型上进行材质赋予），后期根据灯光及所需效果再对材质实例进行调节。

在模型、材质放置好之后，需要在世界大纲视图中对放置好的模型再次进行分类整理，因为后续在大纲视图中还会有灯光、蓝图等众多要素，及时归纳整理，才能方便后期查找和修改。这个习惯是 UE4 使用中十分重要的习惯。

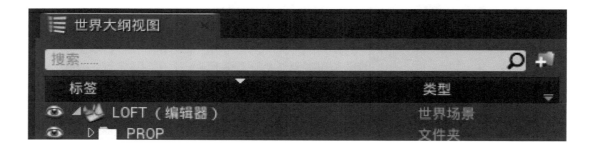

在材质制作上，对于墙面、顶面等需要遮蔽天光的材质，应在材质球中选择双面材质，或者模型本身带有厚度，否则在制作灯光时会出现透光的现象。对于在场景中受光面积比较大的模型，需要调整光照贴图分辨率，否则在使用灯光构建时会出现马赛克。

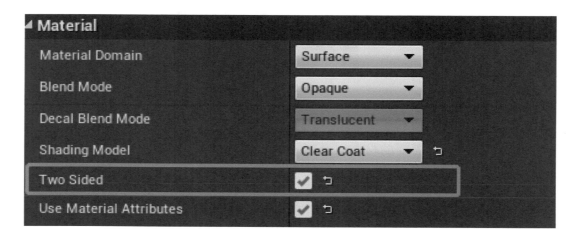

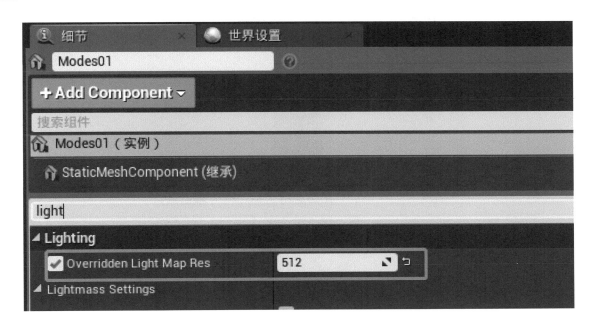

下面，正式进入室内案例开发。

● 第一节　外部项目迁徙

本案例使用 UE4 的新版本 4.25，其与 4.22 版本区别不大，可能会出现的是一些节点在 4.25 中由英文变成了中文，这也更方便用户理解。

本书准备了以下三种素材，SDK 是后期移动端打包的必要文件，贴图素材是制作材质所需要的素材，项目素材是一个实际项目案例，采用的是 UE 4.25 版本。

SDK   贴图素材   项目素材

下面讲解如何使用外部项目素材。

首先，将项目素材文件中的 LOFT 文件夹拷贝至我们用来存放 UE4 项目的文件夹下。

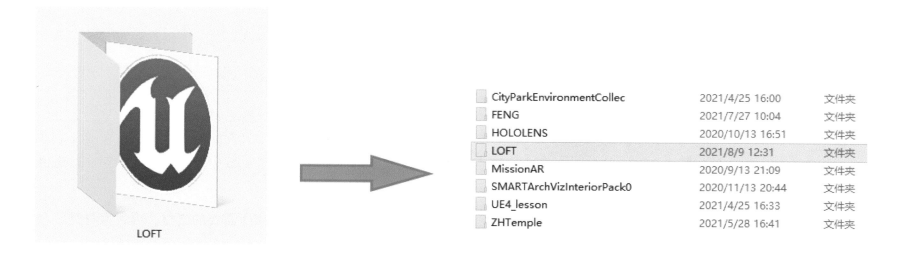

在 4.25.4 版本中打开 LOFT 文件，就会在虚幻引擎—库—我的工程中看到对应的项目资源。

Binaries	2021/8/9 12:31	文件夹
Build	2021/8/9 10:34	文件夹
Config	2021/7/23 13:10	文件夹
Content	2021/8/1 15:17	文件夹
DerivedDataCache	2021/7/23 13:10	文件夹
Intermediate	2021/8/22 16:01	文件夹
Saved	2021/8/13 11:14	文件夹
LOFT	2021/8/2 15:49	Unreal Engine Pr...

这是打开外部资源的方法。但如果已经有了自己创建的项目，想把外部资源导入，并且在引擎中调用它，那么就需要将项目文件夹拷贝到对应项目的 Content 文件下，即可在 UE4 的资源管理器中看到我们的外部项目（注意版本）。

Binaries	2021/8/9 12:31	文件夹
Build	2021/8/9 10:34	文件夹
Config	2021/7/23 13:10	文件夹
Content	2021/8/1 15:17	文件夹
DerivedDataCache	2021/7/23 13:10	文件夹
Intermediate	2021/8/22 16:01	文件夹
Saved	2021/8/13 11:14	文件夹

打开项目。该项目是已经完成的案例，可以点击运行来查看最终效果。

下面讲解如何做出这样的效果。

◉ 第二节　灯光预设及构建

在预览了 LOFT 项目后，在世界大纲视图中，除了 PROP 文件夹包含的文件以外，将其余文件全部删除，恢复模型刚刚摆放好的初始状态。

删除后，可以看到墙面等物体上还是有光的存在，这是因为之前构建了光照贴图，重新点击一遍构建灯光即可。完成后，环境中将不再有任何光源，可以开启无光照模式进行查看。

本案例中，所有物体都已经设置完物理碰撞，在运行模式下无法自由穿梭物体，如果想要穿梭物体，点击需要去除物理碰撞的模型，点击放大镜按钮，浏览至文件所在位置，双击打开模型。

在模型管理器的碰撞模块中，选择项目默认即可取消碰撞。

随后，将放置中的玩家出生点拖入环境的室内空间中，方便在运行时直接查看室内效果。

在完成上述步骤后，开始进行灯光的放置。在放置灯光前，先要对整体光源效果有一个设计思路，而不是凭感觉放灯光。例如本案例中的小型 Loft 公寓拥有一个非常大的落地窗，那么在制作灯光时，首先考虑的是要体现出落地窗的辉光效果，所以在天光中需要配合指数雾制作体积光。设计思路清晰了，制作出的室内效果会更好，而且制作速度也会更快。

首先制作照射进屋内的阳光，将天空光源、定向光源、高级指数雾拖到场景中，这是制作阳光辉光常用的三个光源。

将定向光源进行旋转，使光照箭头射入屋内，随后在属性中打开动态间接光照，制作体积光。将光源属性选择为固定灯光（固定灯光在整个场景中不要超过三个，一般将主光源设置为固定光源，其他为动态光源。天光属于该室内场景构建中的主光源，一般设置为固定光源，效果更佳）。光照强度，建议值为 200。

在高级指数雾中打开体积雾，散射分布可设置为 0.2，并将消光范围设置为 0.1，其他属性按照默认即可。

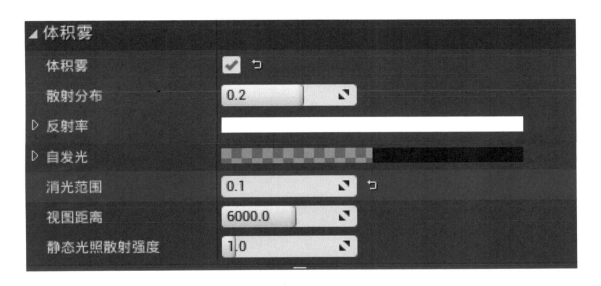

在天光中，可以添加我们需要的立方体贴图，该贴图主要用于室内玻璃反射。完成后，会看到左上角提示我们构建光照，选择预览质量进行构建，查看效果以及室内环境有无漏光现象。如有漏光现象，可能是存在以下三个问题：模型贴合处留有空隙；模型使用单面材质，应改为双面；UV 过度拉伸，需要在 MAYA 里重新展开 UV。

完成后，就可以看到阳光照射进房间的效果。

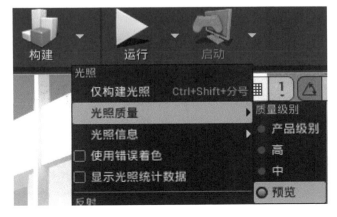

当制作的室内空间较大时，为了取得更加细腻的玻璃吸收天光的效果，可以使用 Lightmass 门户配合 Lightmass 重要体积来增强全局光照效果。我们需要将 Lightmass 门户放到房间内透光的玻璃门窗处，同时用 Lightmass 重要体积来包裹室内环境，具体操作如下图。

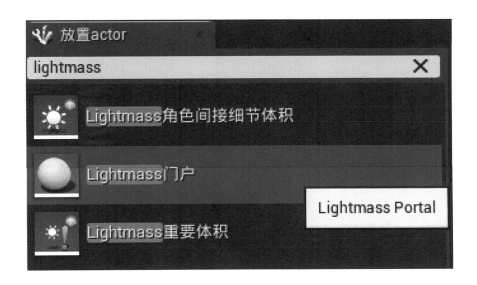

主要的天空定向光源完成后，还需要在室内加入一些点光源、聚光源等光源来补充室内的细节光照，用来提亮一些光照不足的空间，同时为一些灯具制作发光效果（用来补光的光源，其灯光属性一般调整为动态光源）。

本案例是一个二层的 Loft，在构建光照后可以明显看出一层、二层内部光线不足，整体偏暗。这里，可以在有灯的位置添加点光源来提亮空间。

需要注意的一点是，如果用来补光的灯光产生的阴影与原有天光发生冲突，选用主天光的阴影，将补光的阴影关掉，这样整个空间内的阴影才能统一。

光源

强度	50.0 cd

光源颜色

R	255
G	255
B	255

衰减半径	2500.0
源半径	0.0
软源半径	0.0
源长度	0.0
温度	6500.0
使用色温	✔
影响场景	✔
投射阴影	
间接光照强度	1.0
体积散射强度	2.0

室内的射灯也可以使用聚光源进行照射模拟。

对于射灯的灯光颜色、强度、衰减半径等属性，可根据环境进行灵活调整。完成后还可以使用 Alt 键进行复制移动。

同样还有灯管类的灯光，可以放置点光源，通过设置源半径和源长度，将光源改变为长条形光源进行灯光模拟（长度与灯管长度一致即可）。

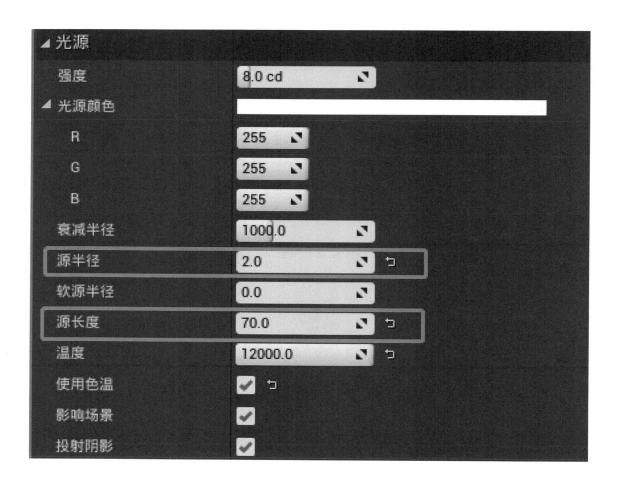

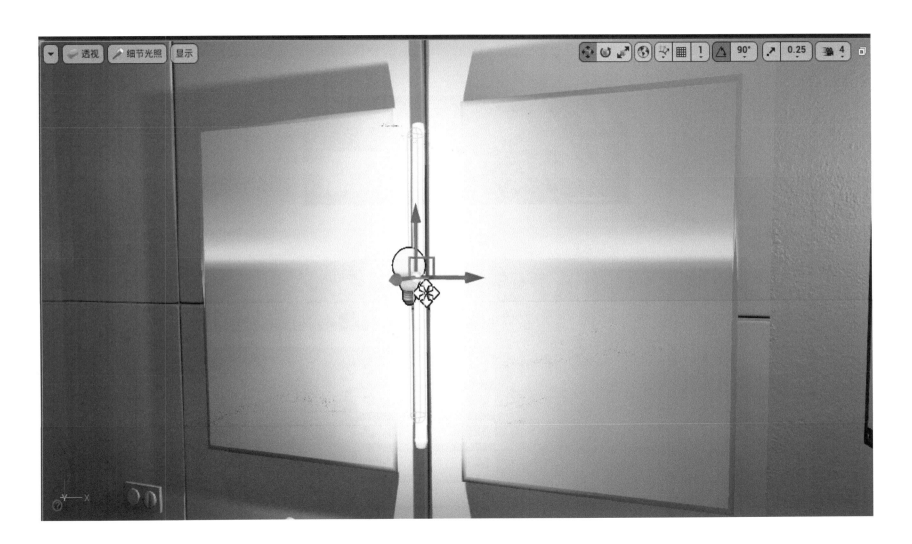

在室内环境中，还会有一些物体在灯光构建时可能因为 UE4 计算的原因而无法产生阴影，这时就需要手动为其添加阴影，来增加真实感。这里可以使用矩形光源，选用动态属性，手动为其照射的物体添加一层阴影。

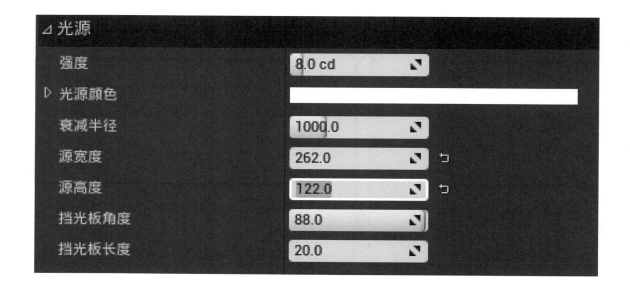

本案例以天光为主，因此投射阴影不必太强烈，强度可以使用低强度。对于矩形光源的高度、宽度，根据物体大小灵活调整即可。

最后，在灯光放置上，可以通过调节灯光属性中的颜色、强度以及色温等因素，来达到最终想要呈现的灯光效果。UE4 的强大之处在于，调节完灯光后可直接看到效果，不用经过再次渲染，这也为我们省去了大量灯光预设的时间。

● 第三节　后期视觉处理

后期视觉处理主要使用反射捕捉和后期盒子进行调整。

灯光预设完毕后，还需要添加反射捕捉，来增强部分具有反射属性材质的反射效果，例如玻璃、不锈钢等材质。在 UE4 中，有盒体反射捕获和球体反射捕获两种反射捕获，室内构建大多使用球体反射捕获。因为盒体反射捕获的一个很大的缺点是，如果目标靠近 Actor 中心位置（即位于盒体空间中心位置的反射粒子附近），则它们在反射中看起来会显得非常大。这是由于反射中使用的图像是基于该粒子位置计算的，这表示离该点更近的目标将会展示自该点的类似于透视图的深度。

在球体反射捕获上，我们只需要将其拖入想要反射的模型表面即可。反射捕获一般只需要调节放置位置、影响半径以及反射源类型。

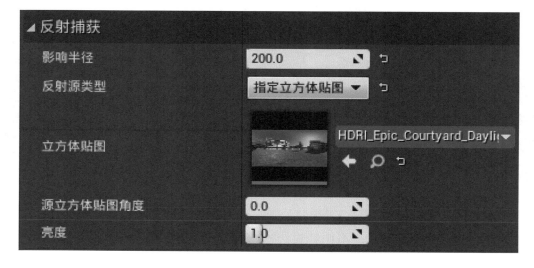

在本案例中，我们将球体反射捕获放置到玻璃周围。使用反射捕获后，可以看到玻璃材质清晰地反射出了立方体贴图环境。当然，也可以在反射类型上选择捕获的场景，这样球体反射就会捕获室内空间的反射。

在后期调整中，除了构建反射以外，调节整体色调、色温、曝光的后期视觉效果也是必不可少的。在 UE4 中，可以使用后期盒子（后期处理体积）对整体后期效果进行把控。

将后期盒子拖入场景中，并对其大小进行调整，盒子内的区域会根据参数调整进一步产生变化，所以需要用盒子来包裹住想要调整的区域。当然，如果需要对整体环境进行后期处理，也可以不用后期盒子进行包裹，直接勾选属性中的无限范围即可，勾选后后期盒子的调整就会应用于整个空间。

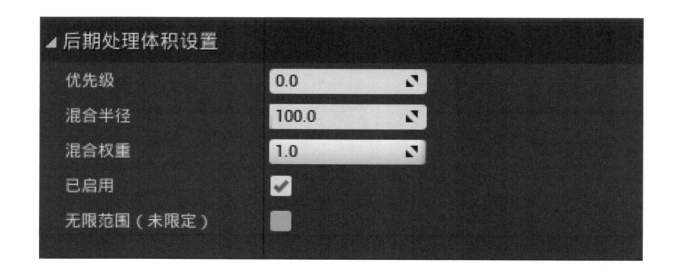

下面了解一下后期盒子中常用的属性调节。

首先是透镜中各个属性的介绍，这些属性调节一些跟光有关的属性。

Mobile Depth of Field：该属性调节镜头模糊程度。一般较少使用。

Bloom：该属性调节曝光限度，可以增加场景内曝光强度，同时以阈值来限定曝光。可以通过增加曝光来提升光照效果。

Exposure：该属性调节摄像机曝光亮度以及速度等。

Chromatic Aberration：该属性可以增加场景动态模糊效果，使物体边缘出现三原色叠加，可用来制作较为梦幻的场景。

Dirt Mask：该属性通过贴图来制作光晕遮罩。

Camera：该属性与照相机曝光调整相似，对摄影了解较多的用户可使用该属性进行曝光。

Lens Flares：该属性调节太阳光光晕效果。

Image Effects：调整视窗中四个角的亮度，根据作图要求来使用。

Depth of Field：调整视觉模糊程度。

再来了解一下颜色分级中的各个属性，这些属性用来调节颜色。

White Balance：该属性调节白平衡。

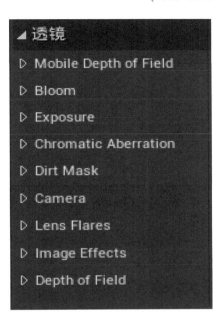

Global：该属性调节全局颜色，如饱和度、对比度、伽马等属性。

Shadows：该属性调节暗部及阴影，其中的颜色属性调整只会应用于较暗的区域。

Midtones：该属性调节中间调颜色，其中的颜色属性调整会应用在介于暗部与亮部之间的区域。

High Lights：该属性调节高光区域。

Misc：该属性用于颜色分级 LUT 调整，可使用 LUT 文件进行调整。

| ▷ 电影 |
| ▷ 渲染功能 |

此处还有电影、渲染功能的属性调节。室内漫游较少使用电影属性。下面，对渲染功能中的常用属性进行讲解。

Ambient Cubemap：为场景添加盒子贴图，可增加亮度。

Ambient Occlusion：该属性调节 AO 贴图。

Global Illumination：该属性可提升整体光照亮度以及颜色。

Screen Space Reflections：该属性调节反射质量，一般取最大值。

后期盒子的使用没有固定属性可循。用户可以将每个属性都手动调节一下，感受每个属性带来的不同效果，最终制作出自己想要的效果。

▲ 渲染功能

▷ 后期处理材质
▷ Ambient Cubemap
▷ Ambient Occlusion
▷ Ray Tracing Ambient Occ
▷ Global Illumination
▷ Ray Tracing Global Illumir
▷ Motion Blur
▷ Light Propagation Volume
▷ Reflections
▷ Screen Space Reflections
▷ Ray Tracing Reflections
▷ Translucency
▷ Ray Tracing Translucency
▷ PathTracing
▷ Misc

第四节　图片输出与视频制作

在调整好整个室内效果后，就可以输出图片、视频以及漫游程序了。可以使用 UE4 中的高分辨率截图进行效果图输出。

点击预览窗口左上角的小箭头，选择高分辨率截图，然后选择截图尺寸、质量即可（截图尺寸乘数建议不超过3）。

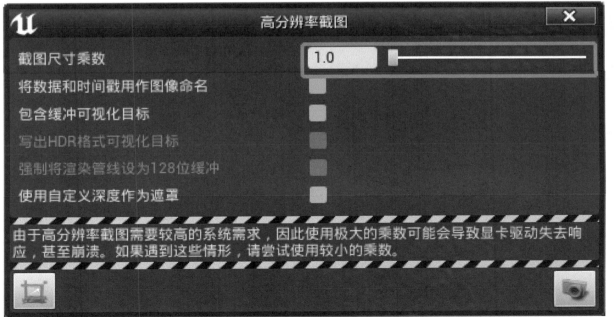

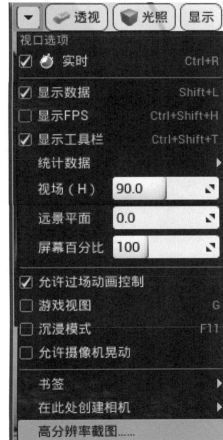

视频制作需要使用 UE4 中的关卡序列。先在过场动画中创建一个主序列。

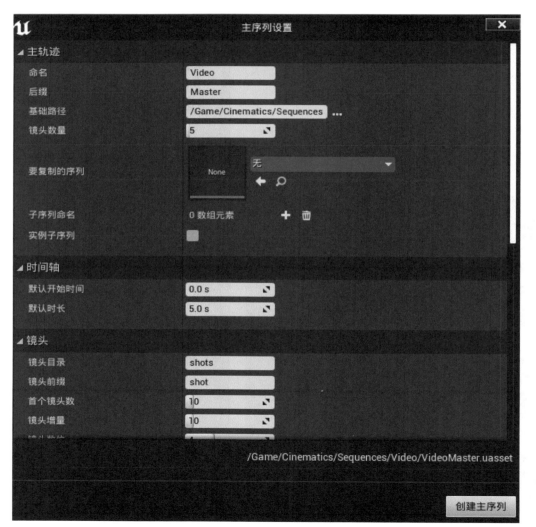

对主序列进行命名，选择储存位置以及选择镜头数量、时间长度等。镜头数量、时间长度等都可在后期根据需求再次调整。

来到主序列界面。红色框选区域中是比较常用的保存、导出等选项，在制作视频时会讲解其中一些常用的选项。黄色区域是镜头管理区域，可以在其中管理关卡序列等。蓝色区域是片段区域，在该区域对片段进行拖动排列。

下面来到片段区域设置。双击片段区域中的片段，打开片段界面，可以在该界面中调节摄像机属性。

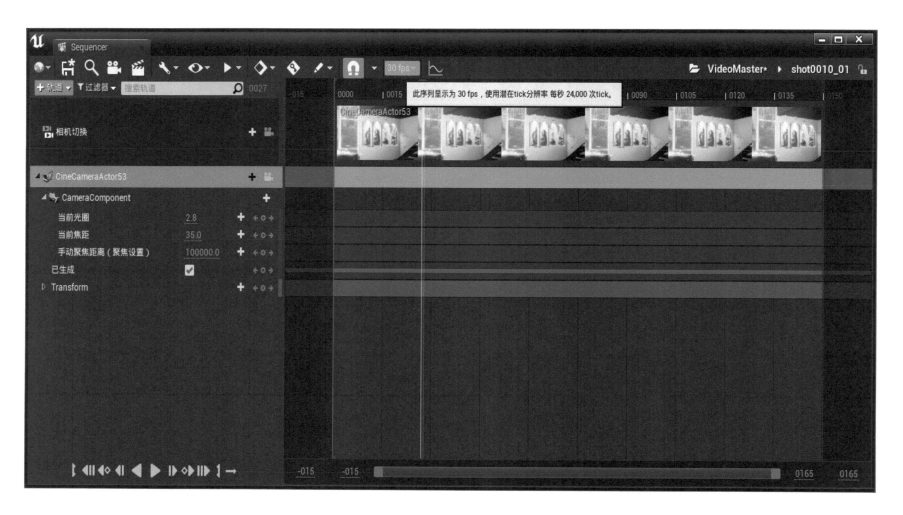

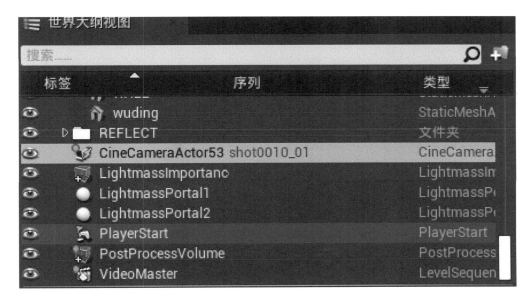

双击打开片段后，也可以在世界大纲视图中找到要选择的片段选项，点击该片段即可对它进行摄像机属性编辑。

可以在摄像机设置中，设置摄像机的画面大小以及景深等。在默认设置下，可以从预览窗口中看到摄像机窗口。我们对摄像机的调整也会同步到预览小窗中。

如果想让整个预览视窗切换到摄像机画面，只需要点击镜头管理中的摄像机图标，进行驾驶模式激活即可。激活后，整个预览视窗就是摄像机的画面。同时，摄像机的移动会随我们的视角同步移动，这在后面 K 帧环节比较常用。

在摄像机设置中，可以通过调整感应器高度、宽度来调整摄像机画面大小。

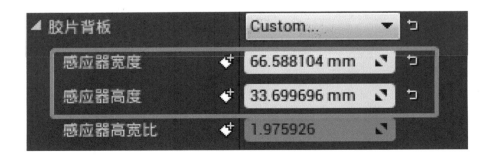

　　如果需要在摄像机画面中聚焦某个物体，可以在聚焦设置中选择手动聚焦，使用其中的吸管工具点击需要聚焦的物体即可。同时可搭配光圈、焦距选项对景深进行调节。

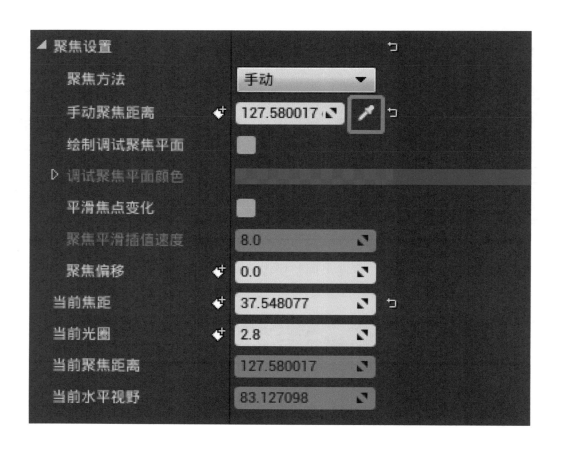

在摄像机设置中，也有后期处理的调整，可以在其中调整曝光、饱和度等参数。该后期处理的使用可配合关键帧来制作一些转场效果。

在了解完这些设置属性后，下面使用关键帧制作漫游动画。

回到片段设置区域。要制作漫游动画，首先要开启驾驶模式，并将时间滑块移动到初始位置。完成后，利用驾驶模式找好视角，调整好画面、景深，单击选择镜头处，按下回车键，即可完成初始帧。可以看到在位置、光圈的时间线处有了橘红色的小点，这就说明关键帧已经 K 上了。

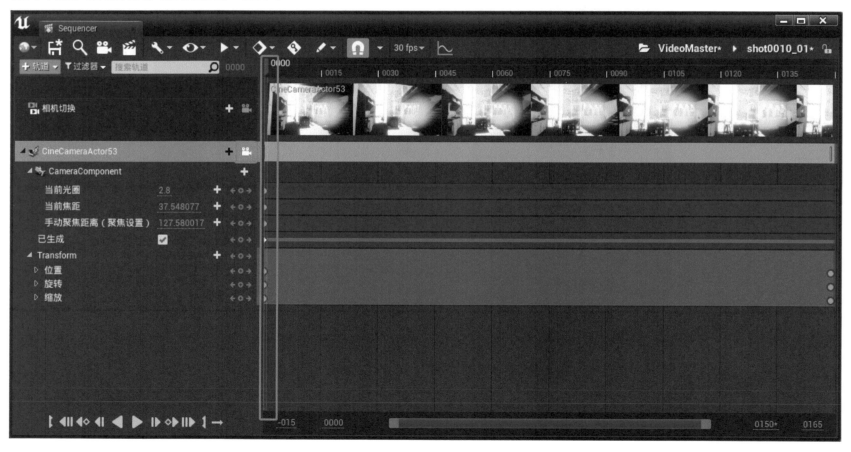

在驾驶模式下将时间滑块移动到下一个要 K 帧的时间点。然后在预览视窗中移动视角（移动时不要多次旋转，以平移为主，如果要制作旋转的路径动画，可多 K 几帧分段制作，效果较好）。移动视角的路线，也就是摄像机移动的路线。到达合适位置后，再次进行 K 帧操作。完成后，第一段简单的平移动画就完成了，可以点击播放键查看。

在 K 帧环节，可以在片段设置中对摄像机的移动、光圈进行 K 帧。后期盒子的视觉效果如何 K 帧呢？我们来到摄像机设置区域，同样在驾驶模式下，以曝光为例，只需要点击图中的添加关键帧图标，即可完成 K 帧。同样的，只要是在摄像机设置中有关键帧图标的属性，都可以用来 K 帧。

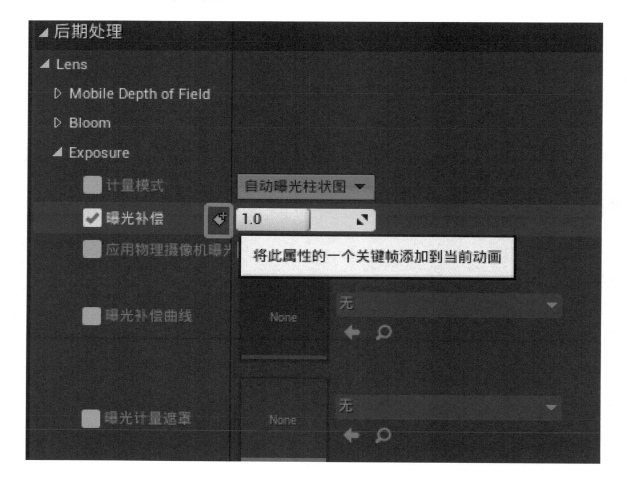

K 帧灵活多变，我们需要提前对镜头的移动以及效果变换有一个设计思路，就如同导演一样。关键帧的使用相对简单，难的是熟练掌握以及制作出惊艳的效果，这也就要求使用者多加练习，同时也可以从一些影视作品中吸取经验。

制作完所有的片段后，回到总序列，点击上方的输出图标，即可对制作好的视频进行渲染输出。

● 第五节　全景图片输出

UE4 除了常规的图片和视频的输出，还可以输出当下比较流行的全景图，本节讲解如何输出全景图。

UE4 全景图输出有多种方式，目前最常用的也是输出效果最好的就是使用 Nvidia Ansel 插件进行捕捉（该插件只有 Nvidia 显卡可以使用，下载前先确认显卡），安装后的程序名称为 Geforce Experience。

下载安装完成后，在 Ansel 所在的文件夹对其进行设置。

> 此电脑 > 本地磁盘 (C:) > Program Files > NVIDIA Corporation > Ansel

| NvCameraConfiguration | 2021/7/14 2:19 | 应用程序 | 480 KB |

打开 Ansel 后，对其快照的存放位置进行设置，同时设置开启 Ansel 的快捷键。

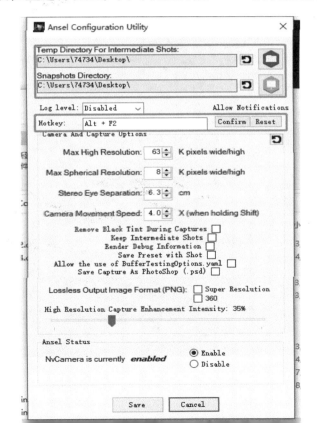

完成后，还需在 UE4 的插件管理器中勾选打开 Ansel 插件，并重启。

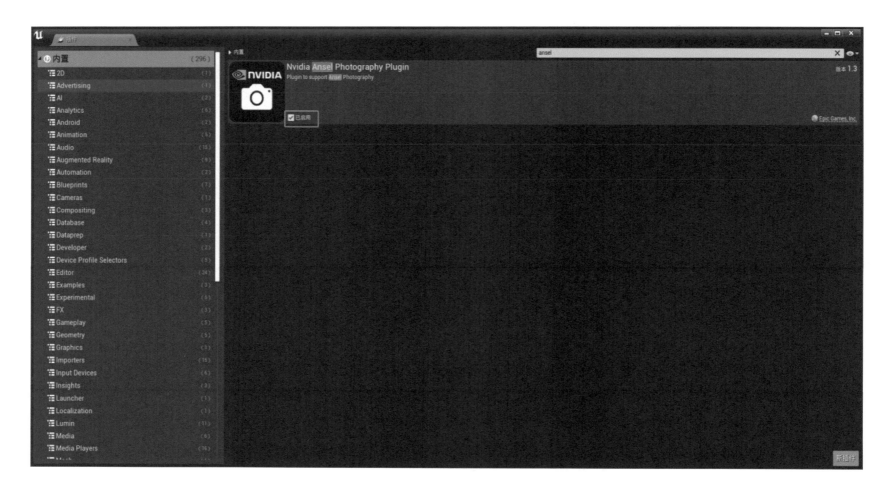

打开 Ansel 后，回到场景中，选择独立进程游戏模式运行，使用设置好的 Ansel 快捷键打开程序进行截图即可。

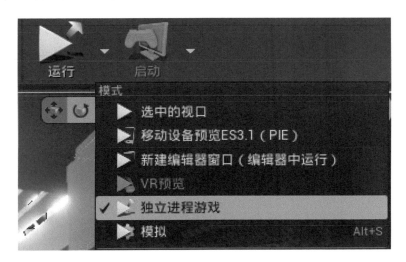

如果点击独立进程游戏没有独立窗口来运行程序，可能是游戏模式没有选择。在世界场景设置中选择游戏模式即可。

如果 Ansel 提示不能使用，那是因为没有打开游戏内覆盖，在之前安装的 Geforce Experience 的设置中点开即可。

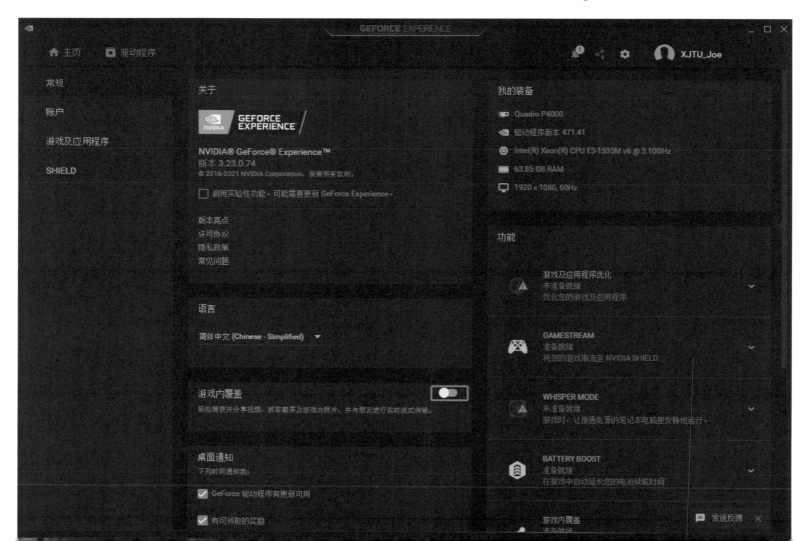

● 第六节　漫游程序打包输出

本节来学习如何对室内场景漫游进行打包输出。打包之前，电脑需要安装 VS2017 或者 VS2019，配置编译环境。

在场景的游览模式下，可以轻松穿越墙面等物体，这是因为模型在导入的时候去掉了物理碰撞。所以打包输出的第一步就是为模型重新赋予物理碰撞。

双击要赋予物理碰撞的物体。在碰撞一栏下选择将复杂碰撞用作简单碰撞。保存后回到场景中，再次启动游览模式，会发现物体已经不能被穿过，这就是物理碰撞的作用。我们需要为场景中不想被人穿过的模型添加物理碰撞，例如墙面、地面、顶面等。

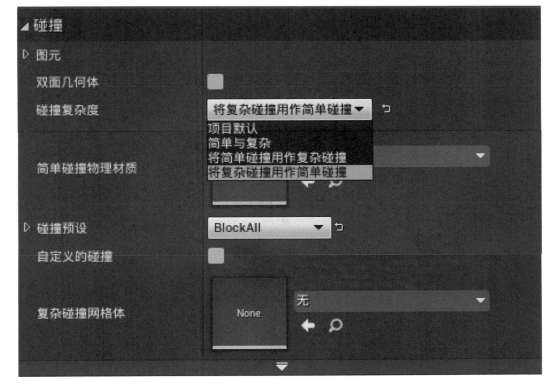

随后，还要为场景添加一个漫游起始点，将放置中的玩家出生点拖入场景即可，浅蓝色箭头为起始时的朝向位置。

设置完成后，来到项目设置，对打包的地图进行设置。如下图所示，在红色框中设置好要打包的地图。

map

项目 - 打包

详细调整您项目的打包方式，以便进行发布。

▲ 打包

只烘焙贴图（此操作只影响cookall）　☐

▲ 打包版本中要包括的地图列表　　　　　1 数组元素　＋ 🗑

　0　　　　　　　　　　　　　　　　/Game/MyLoft/MAP/LOFT ... ▼

项目 - 地图和模式

默认地图、游戏模式和其他地图的相关设置。

▲ 默认模式

游戏模式地图前缀　　　　　　　　　0 数组元素　＋ 🗑

▲ 默认贴图

编辑器开始地图　　　　　　　　　　　LOFT ▼
　　　　　　　　　　　　　　　　　　← 🔍

游戏默认地图　　　　　　　　　　　　LOFT ▼
　　　　　　　　　　　　　　　　　　← 🔍

设置好地图后，点击打包项目。打包完成后，就得到了室内漫游程序。

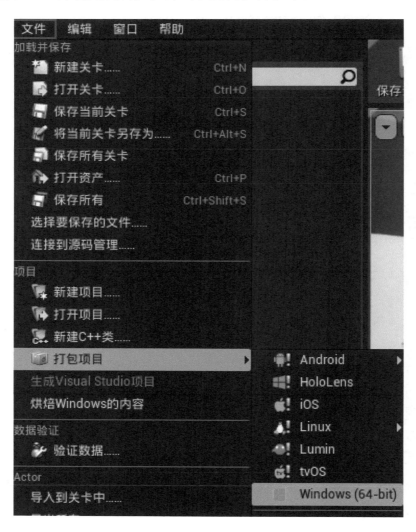

第七章

移动端开发

● 第一节　移动端模型要求

众所周知，目前手机的便捷性是远远大于 PC 端的，随着手机的更新换代，其运算处理性能也越来越好，所呈现出的漫游效果也不断优化。本章将讲解移动端的室内漫游开发。

开发之前，要对模型面数再次进行检查。因为手机的处理性能还是远远不及电脑，所以要尽可能缩减模型面数，让漫游程序更加流畅。简而言之，移动端漫游的开发更像是开发游戏，更加注重面数以及流畅性。

在模型中，首先要按之前章节中的讲解，删除多余的布线和面。其次是环境中的物体，如植物、花瓶等，能使用透明贴图就使用透明贴图，能制作单面物体就制作单面物体。同样的，一些我们视觉看不到的物体都可以进行删除。在 UE4 的很多资源包中，其植物使用的都是透明贴图，而不是 3DS 或者 SU 中的高面数植物模型。我们在选择素材时，也要优先选择低面数的模型。

在下图的植物素材中，就是使用透明贴图来完成面数优化。

UE4 中，该类别的免费素材还有很多，可以在官方商城下载使用，例如 City Park Environment Collection 等。

场景中一些瓶瓶罐罐的模型，可以自行制作单面模型，对其使用双面材质即可。进一步优化场景内模型数量。

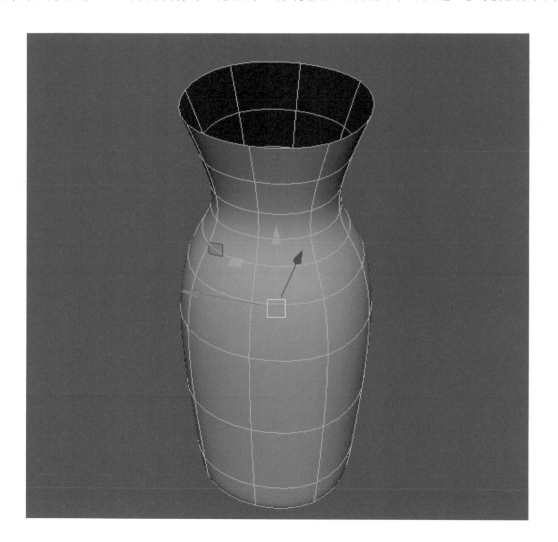

▶ 第二节　移动端渲染

优化好需要调整的场景模型后，重新回到 UE4 中，把优化好的模型进行替换导入即可。

下面进行移动端的渲染设置。

来到项目设置，在平台—安卓—构建中，勾选打开 ES3.1。

在设置中选择 ES3.1 进行预览。

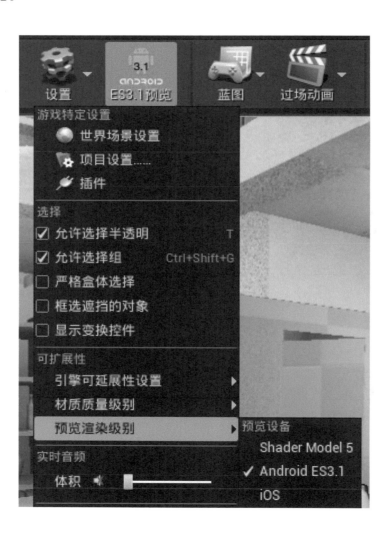

在等待一段时间的着色器编译后，就可以预览移动端渲染效果了。

接下来需要在移动端场景中删除原场景中移动端不支持的视觉效果（预览窗口中会提示移动端不支持的视觉效果，例如案例中提示高级指数雾不可用，删除即可）。

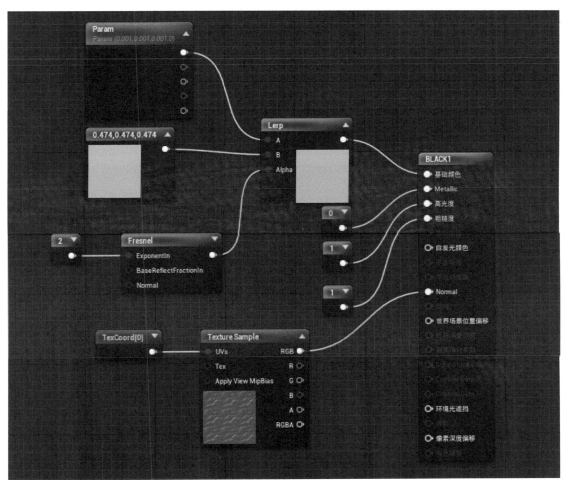

项目禁用了移动平台上的顶点雾

下一步需要优化一下原有的材质。在移动端，材质的计算也是消耗资源的，可以先把复杂的材质进行简化，省去之前的材质中很多追求效果的复杂计算节点，只用简单的常量和贴图对材质进行设置即可（因为移动端的效果会比 PC 端差一点，一些复杂的脏污等效果在移动端效果不好，所以直接去掉，以便节省计算空间）。

在 ES3.1 的预览状态下可以看出，很多光线以及环境与 PC 端渲染有一定差距，这就需要对光线及反射捕获进行二次调节。例如对部分光亮的地方进行灯光强度减弱或者对缺少光线的地方进行二次补光，这需要根据场景现状进行调节。

◉ 第三节　移动端打包

在对移动端的模型、材质完成优化后，对灯光、反射进行细微调整，之后就可以开始打包移动端漫游程序了。

在移动端打包时，本书选择了安卓（Android）打包，所以要先对 UE4 的安卓打包进行配置。

来到项目设置。打包的第一步与 PC 端一样，首先在项目设置中的项目—地图模式—默认地图选择打包的地图。

随后在引擎—输入—移动平台中选择控制界面（一般用默认即可）。

完成后，来到平台 —Android SDK 按后缀名配置 SDK（选择对应的后缀名文件夹即可，SDK 包已在素材资源中提供）。

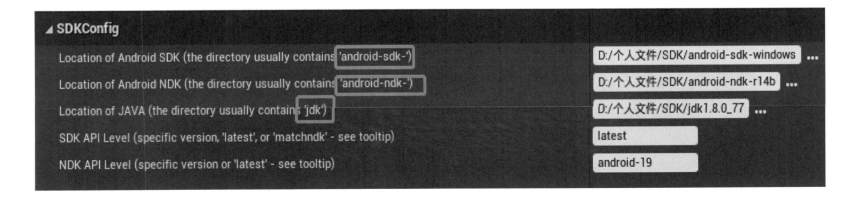

配成 SDK 后，来到平台 —Android 中，在 APK 打包选项进行立即配置、接受 SDK 证书以及勾选打包 APK。

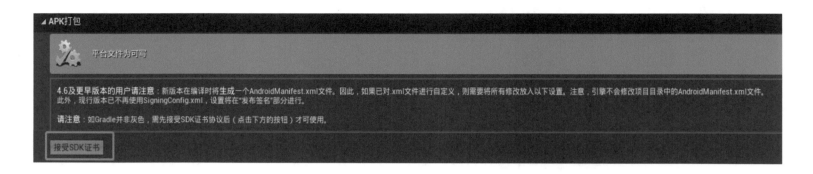

最后，在 Google Play 服务中立即配置。

所有配置完成后，进行安卓打包。

到此，移动端开发打包就完成了。

后　记

至此，本书内容就结束了。本书针对室内漫游的开发教学，对软件使用以及其中的材质系统做了主要讲解。UE4 的其他功能也十分强大，它的蓝图、粒子、动画等系统都已经非常完善，后续有读者对编程、动画感兴趣的都可以使用 UE4。

对于本书的学习，需要读者首先具有建模基础。MAYA、3DS MAX、CAD 等为佳，如果是 SU 使用者，则需要对 SU 模型进行处理，因为 UE4 对模型的要求比较严格。目前 Epic 公司在开发测试 Unreal Studio 来直接对接 SU，后续也会不断升级完善，读者朋友可自行关注。

对于 UE4 的使用，还需要各位读者多加练习，熟悉书中提到的各个节点、属性的使用，将实际操作与理论知识相结合。同时，要结合大量项目实践进行巩固，并通过不断地实践找到适合自己的开发习惯。

最后，祝愿各位读者都能顺利开发出属于自己的室内漫游作品！